# 前 言

作為雲端運算、大數據等技術的底層應用，伺服器虛擬化具有不可替代的作用，雖然近些年 Docker、Kubernetes 等容器技術大規模使用，但並不能説就可以取代虛擬化，特別是伺服器虛擬化的部分。

為了適應市場環境的變化，經過不斷探索改進，VMware 公司於 2020 年 4 月發佈了 VMware vSphere 7.0，特別增加了軟體定義網路 NSX-T 及對 Kubernetes 容器的支援。作為一套成熟的虛擬化解決方案，VMware vSphere 7.0 透過整合資料中心伺服器、靈活設定資源等方式降低了營運成本，同時還可在不增加成本的情況下提供給使用者高可用、災難恢復等進階特性。

本書一共 8 章，採用循序漸進的方式帶領讀者學習 VMware vSphere 7.0 虛擬化架構、軟體定義網路 NSX-T 3.0、軟體定義儲存 vSAN 7.0 如何在企業中部署。同時，本書在每章最後增加了「本章習題」部分，幫助讀者鞏固每章所學習的知識。希望本書能夠讓 IT 從業人員在虛擬化的部署中得到一定的指導。

本書涉及的基礎知識很多，加之作者水準有限，書中難免有疏漏和不妥之處，歡迎讀者們批評指正。有關本書的任何問題、意見和建議，可以發郵件到 heky@vip.sina.com 與作者聯繫交流。

何 坤 源

## 繁體中文版出版說明

本書原作者為中國大陸人士，全書開發環境使用 VMware 的簡體中文介面，為求本書和原書儘量接近，本書之圖例將維持簡體中文，以符合讀者操作習慣。讀者可在閱讀時參考上下文完成書中之操作。

# 目 錄

## ▶ 第 3 章　建立和使用虛擬機器

## ▶ 第 4 章　設定和管理虛擬網路

## ▶ 第 5 章　部署和使用儲存

## ▶ 第 6 章　設定和使用進階特性

# 第 1 章

# 部署 VMware ESXi 7.0

2020 年 4 月 24 日，VMware 發佈了 VMware vSphere 7.0，這是一個全新的版本。新版本簡化了生命週期管理，使用以應用為中心的管理方法，將策略應用於整組虛擬機器、容器和 Kubernetes 叢集等。本章將介紹 ESXi 7.0 新增功能、如何部署及升級至 VMware ESXi 7.0。

【本章要點】
- VMware vSphere 7.0 新特性
- 部署 VMware ESXi 7.0
- 升級其他版本至 VMware ESXi 7.0

## ▶ 1.1 部署 VMware ESXi 7.0

### 1.1.1 VMware vSphere 7.0 新特性

新發佈的 VMware vSphere 7.0 引入了很多新的特性，特別是新增對 Kubernetes 的支援。下面進行簡介。

（1）vSphere Lifecycle Manager

這是新一代基礎架構映像檔管理器，使用預期狀態模型修補、更新或升級 ESXi 叢集。

（2）vCenter Server Profile

其適用於 vCenter Server 預期狀態設定管理功能，可以幫助使用者為多個 vCenter Server 定義、驗證、應用設定。

（3）vCenter Server Update Planner

其針對升級場景管理 vCenter Server 的相容性和互通性，能夠生成互通性和預檢查報告，從而幫助使用者針對升級進行規劃。

（4）內容庫

內容庫增加了管理控制和版本控制功能，支援簡單有效地集中管理虛擬機器範本、虛擬裝置、ISO 映像檔和指令稿。

（5）借助 ADFS 實施聯合身份驗證

該特性用於保護存取和客戶安全。

（6）vSphere Trust Authority

該特性用於對敏感工作負載進行遠端認證。

（7）Dynamic DirectPath IO

該特性用於支援 vGPU 和 DirectPath I/O 初始虛擬機器。

（8）DRS

重新設計的 DRS 採用以工作負載為中心的方法，可以平衡分配資源給叢集。

（9）vMotion

無關虛擬機器的大小，vMotion 都能提供無中斷操作，這對大型負載和關鍵應用負載非常有用。

（10）vSphere 7.0 with Kubernetes

該特性基於 VMware Cloud Foundation 服務，透過 Kubernetes API 為開發人員提供即時基礎架構存取權限。它使用與 Tanzu Kubernetes Grid 服務完全相容且一致的 Kubernetes 來加速開發；使用單一基礎架構系統消除開發團隊與 IT 團隊之間的孤立小環境；允許管理員使用以應用為中心的管理方法，將策略應用於整組虛擬機器、容器和 Kubernetes 叢集；簡化了生命週期管理，並為混合雲基礎架構提供原生安全性；提供了跨公有雲、資料中心和邊緣環境部署的統一平台。它使用受支援的硬體（如 NVIDIA GPU）轉換硬體資源池，以實施人工智慧 / 機器學習（AI/ML）。

### （11）VMware Cloud Foundation Services

這些服務由 vSphere 7.0 with Kubernetes 中的創新技術提供，透過 Kubernetes API 提供自助式體驗，包括 Tanzu Runtime Services 和 Hybrid Infrastructure Services 兩個服務。

### （12）Tanzu Runtime Services

該服務使開發人員可以使用標準的 Kubernetes 發行版本建構應用。

### （13）Hybrid Infrastructure Services

該服務使開發人員可以轉換並使用運算資源、儲存資源和網路資源等基礎架構。

### （14）Tanzu Kubernetes Grid 服務

Tanzu Kubernetes Grid 服務使開發人員可以管理一致、符合規範且符合標準的 Kubernetes 叢集。

### （15）vSphere Pod 服務

vSphere Pod 服務使開發人員可以直接在 Hypervisor 上運行容器，以提高其安全性、性能和可管理性。

### （16）儲存卷冊服務

儲存卷冊服務使開發人員可以管理永久磁碟，以與容器、Kubernetes 和虛擬機器配合使用。

### （17）網路服務

網路服務使開發人員可以管理虛擬路由器、負載平衡器和防火牆規則。

### （18）映像檔倉庫服務

映像檔倉庫服務使開發人員可以儲存、管理及保護 Docker 映像檔和 OCI 映像檔。

## 1.1.2　部署 VMware ESXi 7.0 系統的硬體要求

目前市面上主流伺服器的 CPU、記憶體、硬碟、網路卡等均支援 VMware ESXi 7.0 安裝，需要注意的是使用相容機可能會出現無法安裝的情況，VMware 官方推薦的硬體標準如下。

### （1）處理器

VMware ESXi 7.0 對 CPU 提出了新的要求，VMware ESXi 7.0 不再支援 Intel 型號 2C (Westmere-EP) 或 2F (Westmere-EX) 之類的 CPU，推薦使用 Intel Xeon E5 V3/V4 系列 CPU 進行部署。

### （2）記憶體

ESXi 7.0 要求實體伺服器至少具有 8GB 或以上記憶體，生產環境中推薦使用 128GB 以上的記憶體，這樣才能滿足虛擬機器的正常運行。

### （3）網路卡

ESXi 7.0 要求實體伺服器至少具有 2 個 1Gbit/s 以上的網路卡，對於使用 Virtual SAN 的環境推薦使用 10GE 以上的網路卡。需要注意的是，ESXi 6.X 支援的網路卡在 7.0 環境下可能不支援。

### （4）儲存介面卡

儲存介面卡可以使用 SCSI 介面卡、光纖通道介面卡、聚合的網路介面卡、iSCSI 介面卡或內部 RAID 控制器。

### （5）硬碟

ESXi 7.0 支援主流的 SATA、SAS、SSD 硬碟安裝，同時也支援 SD 卡、隨身碟等非硬碟媒體安裝。需要說明的是，使用 USB 和 SD 裝置部署，安裝程式不會在這些裝置上建立暫存分區，同時需要重新指定日誌存放位置。

對於硬體方面的詳細要求，可以參考 VMware 官方網站的《VMware 相容性指南》。

### 1.1.3 全新部署 VMware ESXi 7.0 系統

在 VMware 官方網站可以下載 VMware vSphere 7.0 ISO 檔案，未獲授權時可以使用評估模式（60 天評估時間具備完整功能），下載好相關檔案後，就可以開始部署 VMware ESXi 7.0。本節操作在 DELL 實體伺服器上部署 VMware ESXi 7.0系統。

第 1 步，用虛擬光碟機掛載 ISO 檔案並啟動，啟動完成後進入部署精靈，按【Enter】鍵開始部署 VMware ESXi 7.0，如圖 1-1-1 所示。

第 2 步，進入「End User License Agreement（EULA）」介面，如圖 1-1-2 所示，也就是「使用者授權合約」介面，按【F11】鍵「Accept and Continue」，即接受授權合約並繼續下一步操作。

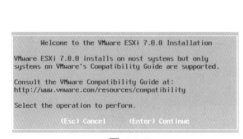

圖 1-1-1

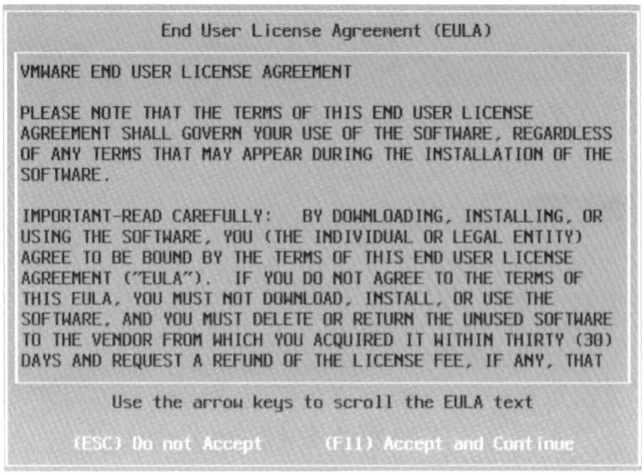

圖 1-1-2

第 3 步，選擇安裝 VMware ESXi 時所用的儲存，ESXi 支援隨身碟及 SD 卡安裝，本節操作安裝在本地硬碟上，如圖 1-1-3 所示，按【Enter】鍵繼續下一步操作。

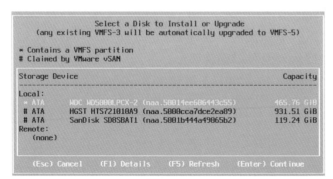

圖 1-1-3

第 4 步，伺服器硬碟如果安裝有其他版本的 ESXi 系統，系統會進行檢測，提示升級安裝還是全新安裝，本節操作選擇全新安裝，如圖 1-1-4 所示，按【Enter】鍵繼續下一步操作。

其中，各參數解釋如下。

- Upgrade ESXi，preserve VMFS datastore：升級安裝，保留 VMFS 儲存檔案及設定。

- Install ESXi，preserve VMFS datastore：全新安裝，保留 VMFS 儲存檔案及設定。

- Install ESXi，overwrite VMFS datastore：全新安裝，清空 VMFS 儲存檔案及設定。

第 5 步，選擇鍵盤類型，選擇「US Default」，預設為美國標準，如圖 1-1-5 所示，按【Enter】鍵繼續。

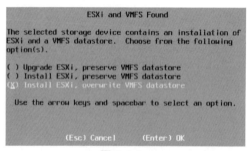

圖 1-1-4　　　　　　　　　　　　　　　圖 1-1-5

第 6 步，設定 root 使用者的密碼，根據實際情況輸入，如圖 1-1-6 所示，按【Enter】鍵繼續下一步操作。

圖 1-1-6

第 7 步，實體伺服器使用的是 Intel Xeon E5 2620 CPU，系統出現一些特性不支援警告提示，但可以安裝部署，如圖 1-1-7 所示，按【Enter】鍵繼續下一步操作。

第 8 步，確認開始安裝 ESXi，如圖 1-1-8 所示，按【F11】鍵開始安裝。

第 9 步，安裝 ESXi，如圖 1-1-9 所示。

第 10 步，安裝的時間取決於伺服器的性能，等待一段時間後即可完成

VMware ESXi 7.0 的安裝，如圖 1-1-10 所示，按【Enter】鍵重新啟動伺服器。

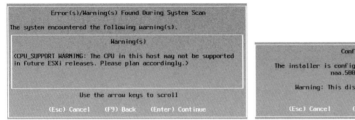

圖 1-1-7

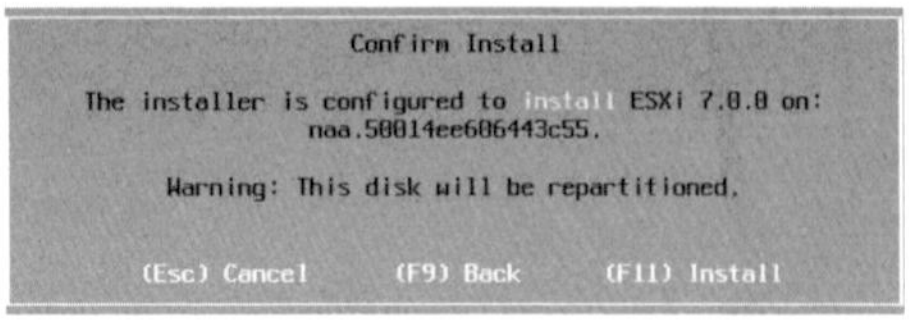

圖 1-1-8

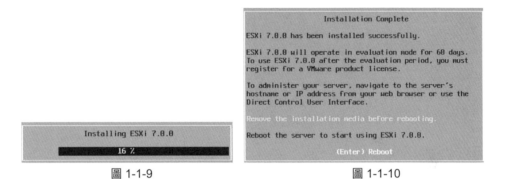

圖 1-1-9

圖 1-1-10

第 11 步，伺服器重新啟動完成後，進入 VMware ESXi 7.0 正式介面，如圖 1-1-11 所示，按【F2】鍵輸入 root 使用者密碼進入主機設定模式。

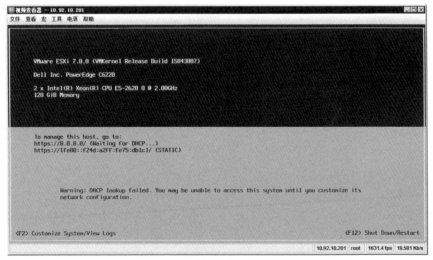

圖 1-1-11

第 12 步，選擇「Configure Management Network」選項，設定管理網路，如圖 1-1-12 所示。

第 13 步，選擇「Network Adapters」選項，設定網路介面卡，如圖 1-1-13 所示。

第 14 步，選擇「IPv4 Configuration」選項，手動設定 IP 位址，如圖 1-1-14 所示，設定完成後按【Enter】鍵確定。

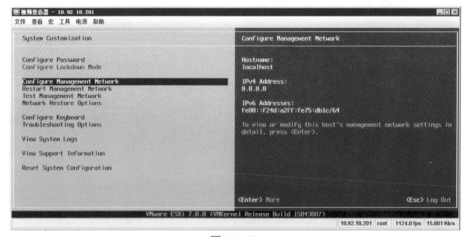

圖 1-1-12

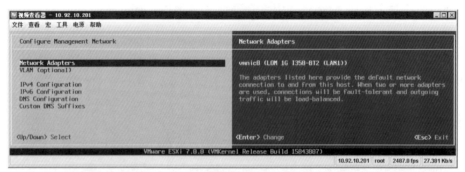

圖 1-1-13

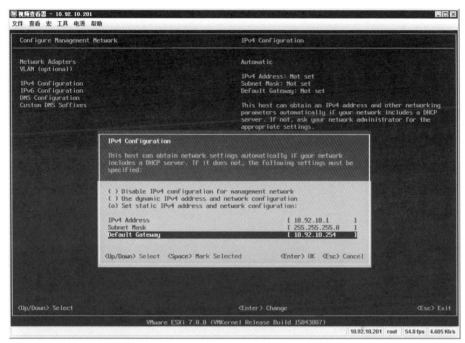

圖 1-1-14

第 15 步，完成主機 IP 設定，如圖 1-1-15 所示。

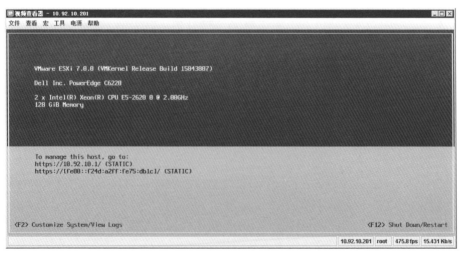

圖 1-1-15

第 16 步，使用瀏覽器登入 ESXi 7.0 主機，如圖 1-1-16 所示。需要說明的是，

從 ESXi 6.7 版本開始，VMware 官方已經不再提供軟體用戶端工具存取，僅能透過瀏覽器方式進行管理。

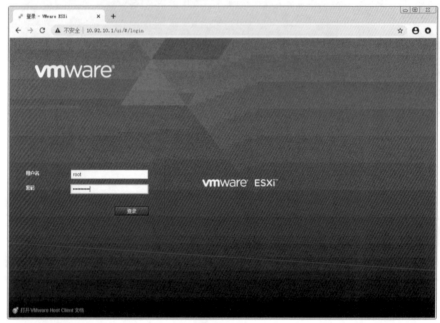

圖 1-1-16

第 17 步，彈出「加入 VMware 客戶體驗改進計畫」提示框，如圖 1-1-17 所示，根據實際情況選取是否加入該計畫。

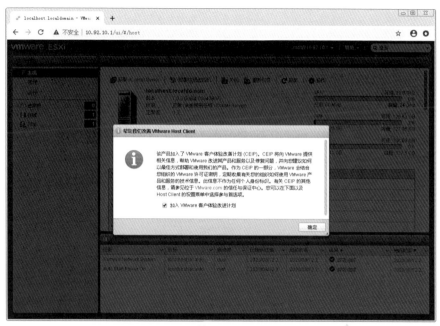

圖 1-1-17

第 18 步，進入 ESXi 7.0 主機操作介面，如圖 1-1-18 所示，在此可以進行基本的設定和操作，更多的功能實現需要依靠 vCenter Server 實現。

圖 1-1-18

第 19 步，查看 ESXi 7.0 主機許可情況，如圖 1-1-19 所示，目前使用評估版本。

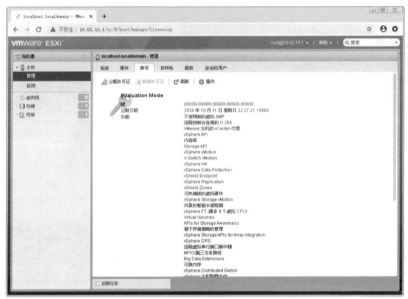

圖 1-1-19

至此，使用實體伺服器部署 ESXi 7.0 系統完成，整體來説和 ESXi 其他版本部署相同。部署過程中需要注意實體伺服器 CPU 是否支援，目前不少企業的生產環境伺服器仍在使用比較老的 CPU。

## 1.1.4　ESXi 7.0 主控台常用操作

部署完 ESXi 系統，可以透過瀏覽器進行管理操作。如果瀏覽器無法管理 ESXi 主機，則需要登入到主控台操作。本節將介紹主控台常用的操作。

1 · 重置管理網路

在某些情況下，會對 ESXi 主機網路進行調整，但調整後可能會出現問題，導致無法存取 ESXi 主機，這時可以嘗試重置管理網路。

第 1 步，進入主機設定模式，選擇「Restart Management Network」選項，如圖 1-1-20 所示。

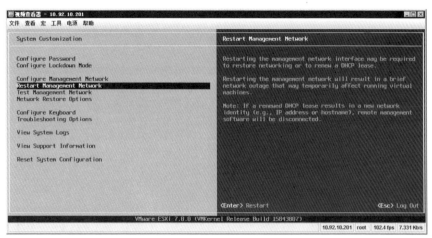

圖 1-1-20

第 2 步，確認重置管理網路，如圖 1-1-21 所示，按【F11】鍵進行重置。

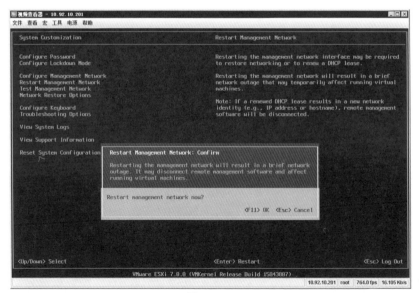

圖 1-1-21

## 2・測試網路連通性

設定完網路後，可以對網路的連通性進行測試，主機設定模式提供了對應的測試介面。

第 1 步，進入主機設定模式，選擇「Test Management Network」選項，如圖 1-1-22 所示。

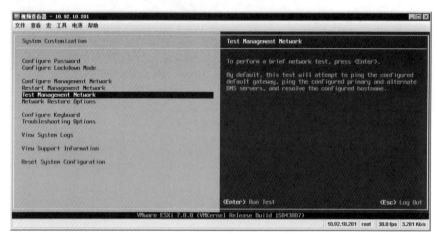

圖 1-1-22

第 2 步，輸入需要 ping 的位址，手動輸入測試的 IP 位址，如圖 1-1-23 所示，按【Enter】鍵開始測試。

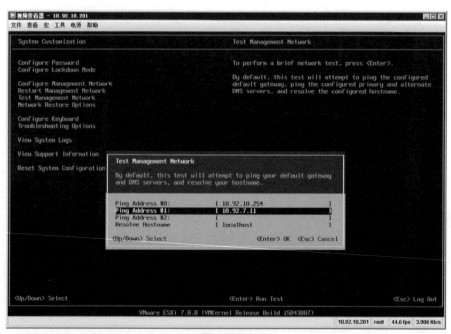

圖 1-1-23

第 3 步,兩個位址的測試結果如果為「OK」,說明網路沒有問題,反之網路則有問題,需要進行排除,如圖 1-1-24 所示。

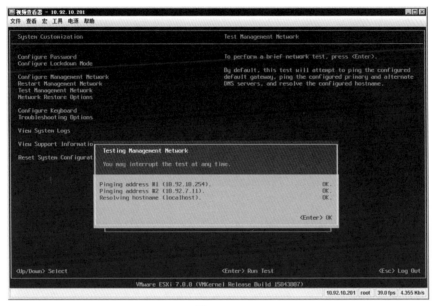

圖 1-1-24

### 3· 網路設定恢復

在主機設定模式可以將網路設定恢復到出廠狀態。

第 1 步,進入主機設定模式,選擇「Network Restore Options」選項,如圖 1-1-25 所示。

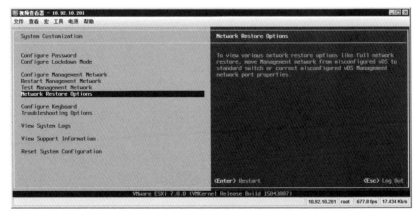

圖 1-1-25

第 2 步，Network Restore Options 一共有 3 個選項，分別為「Restore Network Settings」（恢復網路設定）、「Restore Standard Switch」（恢復標準交換機）、「Restore vDS」（恢復分散式交換機），如圖 1-1-26 所示，使用者可以根據實際需要進行選擇，本節操作選擇「Restore Network Settings」選項。

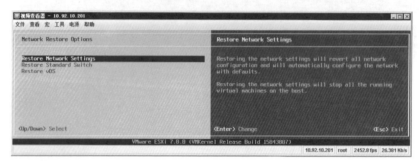

圖 1-1-26

第 3 步，系統彈出提示框，確認是否要將網路設定恢復到出廠狀態，如圖 1-1-27 所示，按 F11 鍵確認恢復。

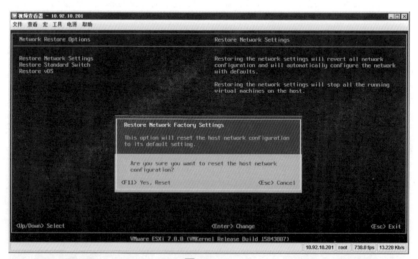

圖 1-1-27

## 4 · 重置系統組態

使用者有時會由於一些誤操作將 ESXi 主機設定弄混亂，這種情況下可以對 ESXi 主機設定進行重置。重置後的 ESXi 主機所有設定全部清除，恢復到初始化狀態（注意，重置後密碼為空）。

第 1 步，進入主機設定模式，選擇「Reset System Configuration」選項，如圖 1-1-28 所示。

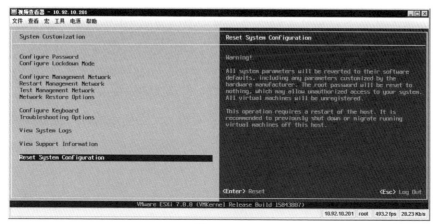

圖 1-1-28

第 2 步，確認進行系統組態重置，如圖 1-1-29 所示，按【F11】鍵進行重置。

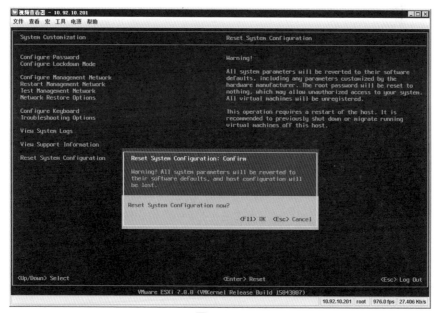

圖 1-1-29

以上介紹的是 ESXi 7.0 主控台常見的操作，在生產環境中，如果 ESXi 主機出現不能使用瀏覽器進行管理的情況，可以考慮透過主控台排除原因進行處理。

## ▶ 1.2　升級其他版本至 ESXi 7.0

系統升級對生產環境來說是最常見的操作之一，任何的升級操作都存在一定的風險，需要注意來源 ESXi 主機版本，並不是所有版本都能夠直接升級。本節操作將介紹如何從 ESXi 6.7 升級到 ESXi 7.0。

### 1.2.1　升級注意事項

從其他版本升級到 ESXi 7.0 需要注意多個問題，升級前建議做好虛擬機器備份或將虛擬機器遷移到其他 ESXi 主機。

**1 · 許可問題**

升級前必須確認是否有新的許可證，現有的 ESXi 6.X 許可證不能直接用於 ESXi 7.0。

**2 · 硬體問題**

ESXi 7.0 對硬體提出了新的要求，老的伺服器硬體可能不支援升級部署，具體參考 1.1.2 節中的內容。

**3 · 版本問題**

ESXi 5.X 及 ESXi 6.0 任何版本均無法直接升級到 ESXi 7.0，如果此類主機需要升級，必須先升級至 ESXi 6.5 或 ESXi 6.7 版本。

### 1.2.2　升級 ESXi 6.7 至 ESXi 7.0

本節升級操作是將 ESXi 6.7 升級到 ESXi 7.0，ESXi 6.7 使用的版本編號為 13006603。

第 1 步，登入實體伺服器主控台，查看 ESXi 主機版本為 6.7，如圖 1-2-1 所示。

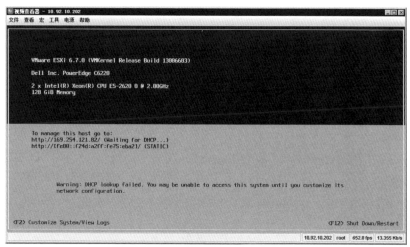

圖 1-2-1

第 2 步，重新開機實體伺服器，進入啟動模式，選擇「ESXi-7.0.0-15843807-standard Installer」選項，如圖 1-2-2 所示，按【Enter】鍵開始升級部署 VMware ESXi 7.0。

圖 1-2-2

第 3 步，開始載入安裝檔案，如圖 1-2-3 所示。

圖 1-2-3

第 4 步，進入 VMware ESXi 7.0 檔案載入介面，如圖 1-2-4 所示。

圖 1-2-4

第 5 步，系統進行自檢。因為伺服器已部署 ESXi 6.7，所以系統提示是升級還是全新安裝，如圖 1-2-5 所示，選擇「Upgrade ESXi，preserve VMFS datastore」選項，進行升級安裝，同時保留 VMFS 儲存及設定。

第 6 步，升級的時間取決於伺服器的性能，如圖 1-2-6 所示，完成升級操作後按【Enter】鍵重新啟動伺服器。

第 7 步，進入伺服器主控台，可以看到版本已經升級至 ESXi 7.0，如圖 1-2-7 所示。

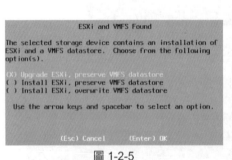

圖 1-2-5

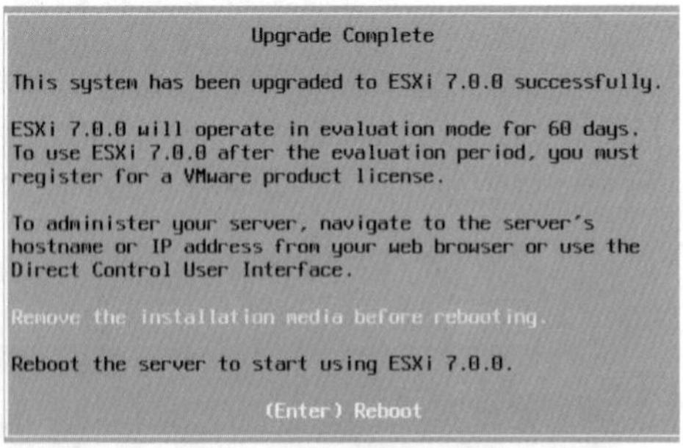

圖 1-2-6

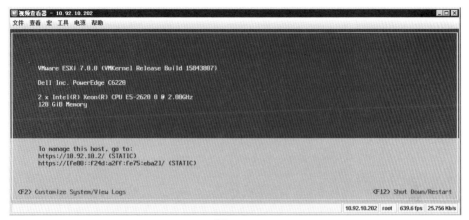

圖 1-2-7

至此，升級 ESXi 6.7 至 ESXi 7.0 完成，該操作可以視為覆蓋安裝。

## ▶ 1.3 本章小結

本章介紹了全新部署 ESXi 7.0，以及其他版本升級至 ESXi 7.0 的操作，對有虛擬化使用基礎的使用者來説，整體部署是比較簡單的。生產環境進行部署升級時，需要注意一些老的伺服器是否支援升級，升級過程中要將虛擬機器備份或將虛擬機器遷移到其他 ESXi 主機，以便出現問題時可以快速回復。

## ▶ 1.4 本章習題

1． 請詳細描述 VMware vSphere 架構。

2． 請列舉 VMware vSphere 7.0 新增功能（3 個以上）。

3． 部署 ESXi 7.0 對硬體有什麼要求？

4． 從 ESXi 6.X 升級到 ESXi 7.0 需要注意什麼？

# 第 2 章

# 部署 vCenter Server 7.0

vCenter Server 是 VMware vSphere 虛擬化架構中的核心管理工具，是整個 VMware 產品系統的核心，後續的雲端運算、監控、自動化運行維護等產品基本上都需要 vCenter Server 的支援。vCenter Server 7.0 正式取消了 Flash，全面支援 HTML 5，整體的操作介面、效率和之前版本相比較得到大幅度提高。本章將介紹如何部署、升級 vCenter Server 7.0。

【本章要點】
- vCenter Server 介紹
- 部署 vCenter Server 7.0
- 升級及跨平台遷移至 vCenter Server 7.0
- vCenter Server 7.0 增強型連結模式
- vCenter Server 7.0 常用操作

## ▶ 2.1 vCenter Server 介紹

利用 vCenter Server，可以集中管理多個 ESXi 主機及其虛擬機器。安裝、設定和管理 vCenter Server 不當可能會導致管理效率降低，或致使 ESXi 主機和虛擬機器停機。

### 2.1.1 vCenter Server 概述

在 VMware vSphere 架構中，可以在 ESXi 主機上部署 vCenter Server Appliance（簡稱 VCSA）。VCSA 是預設定的基於 Linux 的虛擬機器，已針對運行 vCenter Server 及其元件進行了最佳化。VCSA 可以實現多個進階功能，如 DRS、HA、Fault Tolerance、vMotion 和 Storage vMotion。

vCenter Server 系統架構依賴於以下元件。

**（1）vSphere Client**

使用用戶端連接 vCenter Server，可以集中管理 ESXi 主機。

**（2）vCenter Server 資料庫**

vCenter Server 資料庫是 vCenter Server 最重要的元件。資料庫用於儲存 vCenter Server 清單項、安全角色、資源池、性能資料及其他重要資訊。

**（3）託管主機**

託管主機可以使用 vCenter Server 管理 ESXi 主機和在這些主機上運行的虛擬機器。

## 2.1.2　關於 SSO

vCenter Single Sign On，中文翻譯為單點登入，簡稱 SSO，本質上是一個在 vSphere 應用和 Authentication 來源之間的安全互動元件。在過去的版本裡，當使用者嘗試登入基於 AD 授信的 vCenter Server 時，使用者輸入用戶名、密碼後，會直接進入 Active Directory 進行驗證。這樣做的好處是最佳化了存取速率，但 vCenter Server 之類的應用可以直接讀取 AD 資訊，可能導致潛在的 AD 安全 leak；另外，由於 vSphere 建構下的週邊元件越來越多，每個裝置都需要和 AD 通訊，因此，帶來的管理工作也較以往更大。在這個背景下，SSO 出現了，它要求所有基於或和 vCenter Server 有連結的元件在存取 Domain 前，先存取 SSO，這樣一來，不但解決了邏輯安全性問題，還降低了使用者的存取零散性，加強了存取的集中轉發，變相確保了 AD 的安全性。它透過和 AD 或 Open LDAP 之類的 Identity Sources 的通訊來實現 Authentication。

## 2.1.3　增強型連結模式

使用增強型連結模式，可以登入單一 vCenter Server，管理組中所有的 vCenter Server，但無法在部署 vCenter Server 後建立增強型連結模式組。需要注意的是，vCenter Server 7.0 已棄用外部 Platform Services Controller。增強型連結模式提供以下功能特性。

- 可以透過單一用戶名和密碼同時登入所有連結的 vCenter Server。
- 可以在 vSphere Client 中查看和搜索所有連結的 vCenter Server 的清單。
- 角色、許可權、許可證、標記和策略在連結的 vCenter Server 之間複製。

要在增強型連結模式下加入 vCenter Server，可以將 vCenter Server 連接到同一 vCenter Single Sign-On 域。另外，增強型連結模式需要 vCenter Server Standard 許可等級，vCenter Server Foundation 或 Essentials 不支援此模式。

## 2.1.4 vCenter Server 可擴充性

vCenter Server 7.0 具有很高的可擴充性，具體如表 2-1-1 所示。

▼ 表 2-1-1 vCenter Server 7.0 可擴充性

| 指標 | 支援數量 |
|---|---|
| 每個 vCenter Server 支援的主機數 | 2500 |
| 每個 vCenter Server 支援的啟動虛擬機器 | 40000 |
| 每個 vCenter Server 支援的註冊虛擬機器 | 45000 |
| 每個叢集支援主機數 | 64 |
| 每個叢集支援的虛擬機器數 | 8000 |

## ▶ 2.2 部署 vCenter Server 7.0

## 2.2.1 部署 vCenter Server 7.0 準備工作

vCenter Server 7.0 不再發佈基於 Windows 的版本，僅發佈基於 Linux 的版本。整體來說，其部署難度非常小，但也有不少的使用者在部署過程中出現各種問題，因此在部署前必須認真檢查準備工作是否做好。主要有以下幾點。

### 1·檢查是否從正規通路下載安裝檔案

推薦從官方網站下載安裝檔案，這樣可以保證檔案不被修改及不存在隱藏病毒等，不推薦使用不明來源的檔案部署。

### 2·關於 DNS 伺服器問題

生產環境推薦使用 DNS 伺服器，但如果環境中沒有 DNS 伺服器，可以在部署過程中使用 IP 位址，但可能會有顯示出錯提示。

## 2.2.2　部署 vCenter Server 7.0

Linux 版的 vCenter Server 人們習慣上稱之為 VCSA，不需要安裝 Linux 作業系統，在部署過程會建立深度訂製的 Linux 系統虛擬機器。

第 1 步，下載 VMware-VCSA-all-7.0.0-15952498 檔案，用虛擬光碟機掛載或解壓運行，點擊「安裝」圖示，如圖 2-2-1 所示。

圖 2-2-1

第 2 步，安裝過程分為兩個階段，如圖 2-2-2 所示，每一個安裝階段都不出現問題才能保證正確安裝，點擊「下一步」按鈕。

第 3 步，選取「我接受授權合約條款。」核取方塊，如圖 2-2-3 所示，點擊「下一步」按鈕。

图 2-2-2

图 2-2-3

第 4 步，選擇 VCSA 虛擬機器運行的 ESXi 主機或 vCenter Server，輸入 HTTPS
通訊埠、用戶名、密碼，如圖 2-2-4 所示，點擊「下一步」按鈕。

圖 2-2-4

第 5 步，彈出「證書警告」提示框，如圖 2-2-5 所示，點擊「是」按鈕接受證
書並繼續下一步操作。

圖 2-2-5

第 6 步，設定虛擬機器名稱、root 使用者密碼，如圖 2-2-6 所示，點擊「下一步」按鈕。

圖 2-2-6

第 7 步，選擇 VCSA 虛擬機器部署大小，系統會根據選擇設定虛擬機器 vCPU、記憶體、儲存等資源，如圖 2-2-7 所示，點擊「下一步」按鈕。

圖 2-2-7

第 8 步，選擇虛擬機器使用的資料儲存，如圖 2-2-8 所示，點擊「下一步」按鈕。

第 9 步，設定虛擬機器網路相關資訊，如圖 2-2-9 所示，點擊「下一步」按鈕。

圖 2-2-8

圖 2-2-9

第 10 步，完成第一階段參數設定，如圖 2-2-10 所示，點擊「完成」按鈕。

圖 2-2-10

第 11 步，開始第一階段部署，如圖 2-2-11 所示。需要注意的是，不少初學者第一階段部署至 80% 卡住，此時要檢查正在部署的 VCSA 虛擬機器是否能夠存取網路。

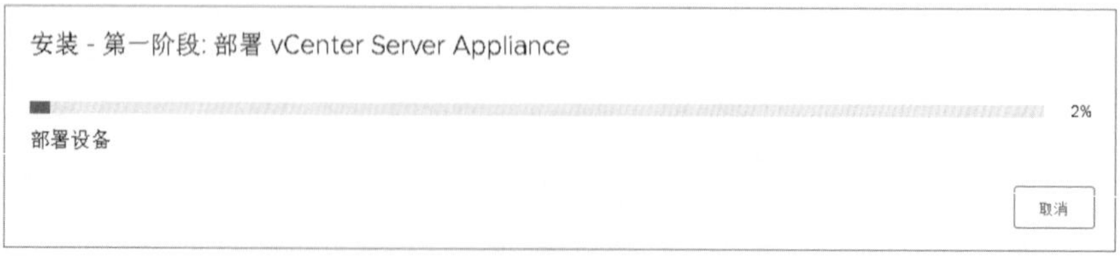

圖 2-2-11

第 12 步，完成第一階段部署，如圖 2-2-12 所示，查看提示訊息，點擊「繼續」
按鈕。注意，第一階段如果出現顯示出錯提示訊息要根據提示進行處理，否則
不能進行第二階段設定。

安裝 - 第一阶段: 部署 vCenter Server Appliance

ⓘ 您已成功部署 vCenter Server。

要继续执行部署过程的第 2 阶段 (设备设置)，请单击"继续"。

如果退出，以后随时可以登录到 vCenter Server Appliance 管理界面继续进行设备设置 https://vcsa7.bdnetlab.com:5480/

圖 2-2-12

第 13 步，進行第二階段的參數設定，如圖 2-2-13 所示，點擊「下一步」按鈕。

vm 安裝 - 第二阶段: 设置 vCenter Server Appliance

1 简介
2 设备配置
3 SSO 配置
4 配置 CEIP
5 即将完成

简介

vCenter Server Appliance 安装概览

第 1 阶段

第 2 阶段

部署新的 vCenter Server Appliance

设置 vCenter Server Appliance

vCenter Server Appliance 的安装过程分为两个阶段。第一阶段工作已完成。请单击"下一步"继续
执行第二阶段工作，设置 vCenter Server Appliance。

取消 下一步

圖 2-2-13

第 14 步，設定 vCenter Server 7.0 的時間同步模式，以及是否啟用 SSH 存取，
如圖 2-2-14 所示，點擊「下一步」按鈕。

圖 2-2-14

第 15 步，設定 SSO 域名、用戶名及密碼，如圖 2-2-15 所示，點擊「下一步」按鈕。

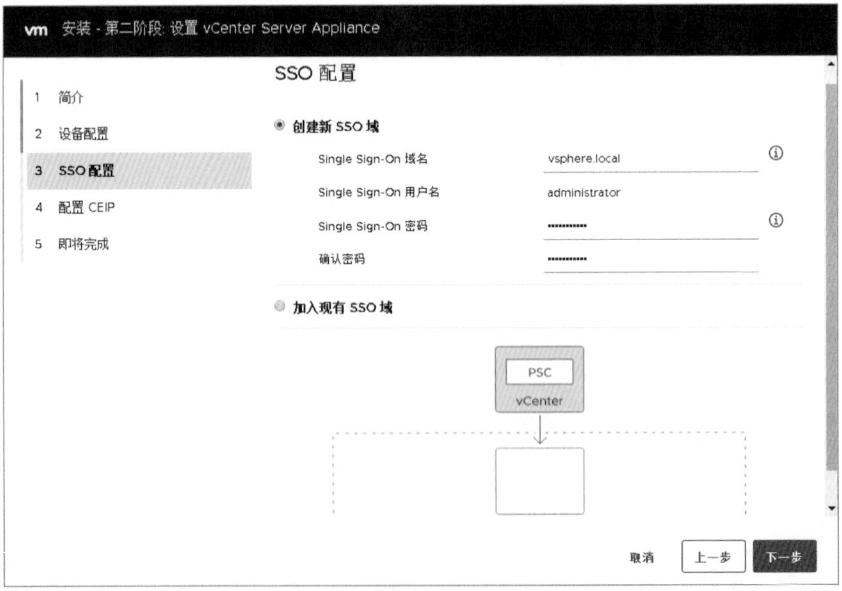

圖 2-2-15

第 16 步，根據實際情況確定是否加入 VMware 客戶體驗提升計畫，如圖 2-2-16 所示，點擊「下一步」按鈕。

圖 2-2-16

第 17 步，完成第二階段參數設定，如圖 2-2-17 所示，點擊「完成」按鈕。

| vm | 安裝 - 第二階段: 設置 vCenter Server Appliance |
|---|---|

完成向导之前，请检查您的设置。

1 简介
2 设备配置
3 SSO 配置
4 配置 CEIP
5 即将完成

**网络详细信息**

| 网络配置 | 分配静态 IP 地址 |
|---|---|
| IP 版本 | IPv4 |
| 主机名称 | vcsa7.bdnetlab.com |
| IP 地址 | 10.92.10.80 |
| 子网掩码 | 255.255.255.0 |
| 网关 | 10.92.10.254 |
| DNS 服务器 | 10.92.10.51 |

**设备详细信息**

| 时间同步模式 | 与 NTP 服务器同步时间 |
|---|---|
| NTP 服务器 | 10.92.7.11 |
| SSH 访问 | 禁用 |

**SSO 详细信息**

| 域名 | vsphere.local |
|---|---|
| 用户名 | administrator |

**客户体验提升计划**

| CEIP 设置 | 已加入 |
|---|---|

取消　上一步　完成

圖 2-2-17

第 18 步，彈出「警告」提示框，提示第二階段開始後將無法停止，如圖 2-2-18 所示，點擊「確定」按鈕。

圖 2-2-18

第 19 步，開始第二階段部署，如圖 2-2-19 所示。

圖 2-2-19

第 20 步，完成第二階段部署，如圖 2-2-20 所示。

第 21 步，使用瀏覽器打開 ESXi 主機查看 VCSA 虛擬機器部署情況，如圖 2-2-21 所示。

圖 2-2-20

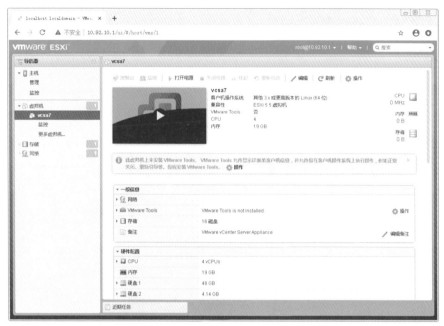

圖 2-2-21

第 22 步，使用主控台打開 VCSA 虛擬機器，如圖 2-2-22 所示。

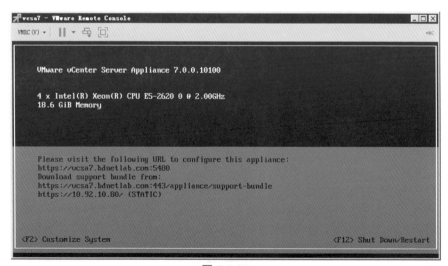

圖 2-2-22

第 23 步，使用瀏覽器登入 VCSA，如圖 2-2-23 所示。

圖 2-2-23

第 24 步，輸入用戶名和密碼，點擊「登入」按鈕，如圖 2-2-24 所示。

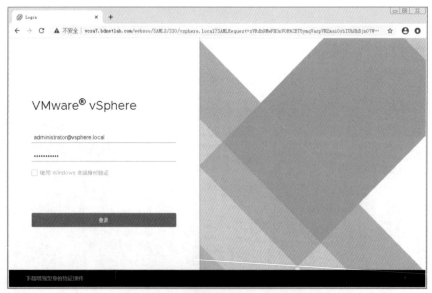

圖 2-2-24

第 25 步，成功使用 H5 模式登入 VCSA，如圖 2-2-25 所示。

圖 2-2-25

第 26 步,將 ESXi 主機增加到 VCSA 需要建立資料中心,在 vcsa7.bdnetlab.com 上用滑鼠按右鍵,在彈出的快顯功能表中選擇「新建資料中心」選項,如圖 2-2-26 所示。

圖 2-2-26

第 27 步，在彈出的對話方塊中根據實際情況對資料中心進行命名，如圖 2-2-27
所示，點擊「確定」按鈕。

圖 2-2-27

第 28 步，在 Datacenter 上用滑鼠按右鍵，在彈出的快顯功能表中選擇「新建
叢集」選項，如圖 2-2-28 所示。

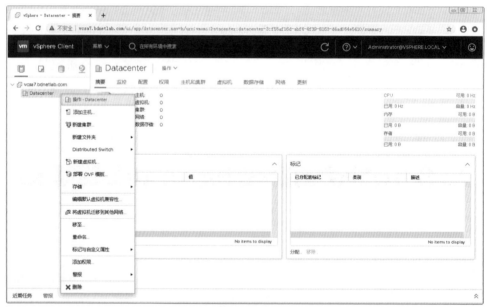

圖 2-2-28

第 29 步，在彈出的對話方塊中輸入叢集的名稱，vSphere DRS、vSphere HA、
vSAN 等特性均不開啟，如圖 2-2-29 所示，點擊「確定」按鈕。

圖 2-2-29

第 30 步，建立叢集完成，如圖 2-2-30 所示。

圖 2-2-30

第 31 步，將 ESXi 主機增加到叢集，可以同時增加多個 ESXi 主機，輸入主機 IP 位址、用戶名、密碼，如圖 2-2-31 所示，點擊「下一頁」按鈕。

圖 2-2-31

第 32 步，彈出「安全警示」提示框，需要選取主機接受證書，如圖 2-2-32 所示，點擊「確定」按鈕。

第 33 步，主機摘要提示具有警告，建議查看警告原因並進行處理，如圖 2-2-33 所示，虛擬機器打開電源不影響操作，點擊「下一頁」按鈕。

第 34 步，確認 ESXi 主機加入叢集，如圖 2-2-34 所示，點擊「完成」按鈕。

圖 2-2-32

圖 2-2-33

圖 2-2-34

第 35 步,成功將 ESXi 主機加入叢集,如圖 2-2-35 所示。

至此,基於 Linux 版本的 vCenter Server 7.0 部署完成。整體而言,只要事前做好準備工作,基本上不會出現顯示出錯,如果使用者在部署過程中出現顯示出錯,可以透過查看日誌進行處理後重新部署。

圖 2-2-35

## ▶ 2.3　升級及跨平台遷移至 vCenter Server 7.0

VMware 花了大量精力開發 Linux 版本的 vCenter Server，從早期的功能不全到後續的全功能，vCenter Server 7.0 已正式取消 Windows 版本，從 VMware vSphere 6.5 版本開始提供跨平台遷移工具幫助使用者從 Windows 平台的 vCenter Server 遷移到 Linux 平台。本節將介紹如何升級及跨平台遷移至 vCenter Server 7.0。

### 2.3.1　升級 vCenter Server 6.7 至 vCenter Server 7.0

雖然是使用 VMware 官方提供的工具進行跨平台遷移操作，但還是存在一定風險，建議在操作前對來源 vCenter Server 進行備份，以便出現問題後可以快速恢復。這裡以 VCSA 虛擬機器主控台為例介紹

第 1 步，打開 VCSA 6.7 虛擬機器主控台，查看版本資訊，如圖 2-3-1 所示。

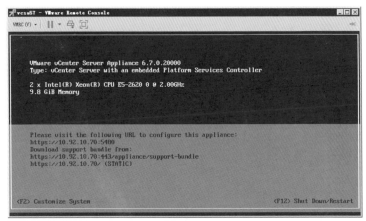

圖 2-3-1

第 2 步，執行 VCSA 7.0 安裝程式，如圖 2-3-2 所示，點擊「升級」圖示。

圖 2-3-2

第 3 步，VCSA 升級分為兩個階段，先進行第一階段部署，如圖 2-3-3 所示，點擊「下一步」按鈕。

圖 2-3-3

第 4 步，選取「我接受授權合約條款。」核取方塊接受使用者授權合約，如
圖 2-3-4 所示，點擊「下一步」按鈕。

圖 2-3-4

第 5 步，升級需要連接到來源裝置，輸入來源 VCSA 的相關資訊，如圖 2-3-5
所示，點擊「連接到來源」按鈕進行驗證。

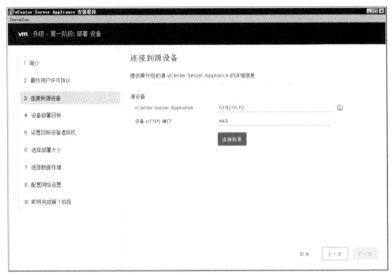

圖 2-3-5

第 6 步，驗證通過後輸入來源 VCSA 的相關資訊，如圖 2-3-6 所示，點擊「下
一步」按鈕。

圖 2-3-6

第 7 步，彈出「證書警告」提示框，如圖 2-3-7 所示，點擊「是」按鈕接受證書並繼續下一步操作。

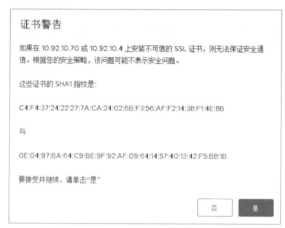

圖 2-3-7

第 8 步，指定裝置部署的 ESXi 主機或 vCenter Server，此處輸入的是 ESXi 主機相關資訊，如圖 2-3-8 所示，點擊「下一步」按鈕。

圖 2-3-8

第 9 步，彈出「證書警告」提示框，如圖 2-3-9 所示，點擊「是」按鈕接受證書並繼續下一步操作。

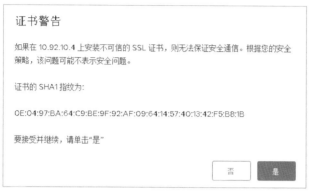

圖 2-3-9

第 10 步，設定目標虛擬機器相關資訊，如圖 2-3-10 所示，點擊「下一步」按鈕。

第 11 步，選擇目標虛擬機器部署大小，不同的部署大小對虛擬機器硬體資源要求不同，可根據生產環境的實際情況進行選擇，如圖 2-3-11 所示，點擊「下一步」按鈕。

圖 2-3-10

圖 2-3-11

第12步，選擇目標虛擬機器使用的資料儲存，如圖2-3-12所示，點擊「下一步」按鈕。

圖 2-3-12

第 13 步，設定虛擬機器臨時網路，如圖 2-3-13 所示。需要注意的是，臨時網路必須能夠存取來源 VCSA 虛擬機器，點擊「下一步」按鈕。

圖 2-3-13

第 14 步，完成第一階段相關參數設定，如圖 2-3-14 所示，點擊「完成」按鈕。

圖 2-3-14

第 15 步，開始第一階段升級部署，如圖 2-3-15 所示。

圖 2-3-15

第 16 步，完成第一階段升級部署，如圖 2-3-16 所示，點擊「繼續」按鈕進行第二階段部署。需要注意的是，如果第一階段部署出現問題，第二階段部署將無法進行。

圖 2-3-16

第 17 步，進行升級第二階段參數設定，如圖 2-3-17 所示，點擊「下一步」按鈕。

圖 2-3-17

第 18 步，系統會進行升級前檢查並將檢查結果進行提示，如圖 2-3-18 所示，本次檢查結果不影響升級，點擊「關閉」按鈕。

圖 2-3-18

第 19 步，選擇需要複製的資料，如圖 2-3-19 所示，生產環境推薦保留所有歷史資料，點擊「下一步」按鈕。

第 20 步，根據實際情況確定是否加入 VMware 客戶體驗提升計畫，如圖 2-3-20 所示，點擊「下一步」按鈕。

圖 2-3-19

圖 2-3-20

第 21 步，確認升級參數設定是否正確，選取「我已備份來源 vCenter Server 和資料庫中的所有必要資料」核取方塊，如圖 2-3-21 所示，點擊「完成」按鈕。

第 22 步，提示升級過程中來源 VCSA 虛擬機器會關閉，需要注意升級過程中 VCSA 無法提供服務，如圖 2-3-22 所示，點擊「確定」按鈕。

第 23 步，資料傳輸有 3 個步驟，每一個都不能出現顯示出錯，圖 2-3-23 所示是將資料從來源 VCSA 複製到目標 VCSA。

圖 2-3-21

圖 2-3-22

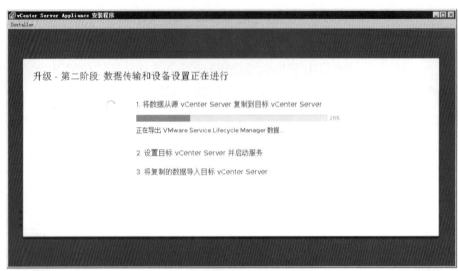

圖 2-3-23

第 24 步，設定目標 VCSA 並啟動服務，如圖 2-3-24 所示。

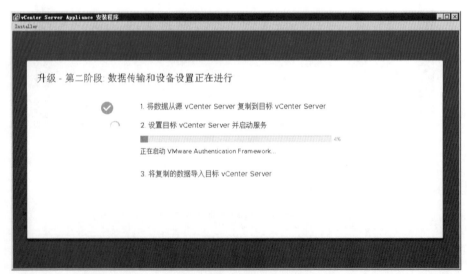

圖 2-3-24

第 25 步，將複製的資料匯入目標 VCSA，如圖 2-3-25 所示。

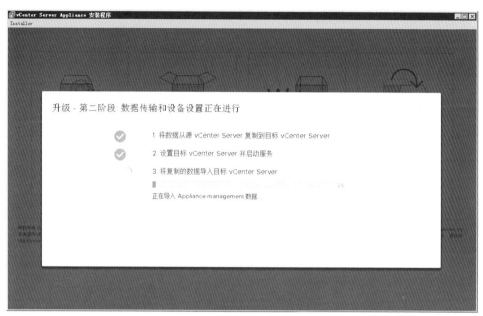

圖 2-3-25

第 26 步，匯入資料過程會提示「如果使用 Auto Deploy，請更新 DHCP 設定並使用新 Auto Deploy 伺服器中的新 tramp 檔案組更新 TFTP 設定」，該提示不影響升級，如圖 2-3-26 所示，點擊「關閉」按鈕。

圖 2-3-26

第 27 步，完成第二階段升級部署，如圖 2-3-27 所示，點擊「關閉」按鈕。

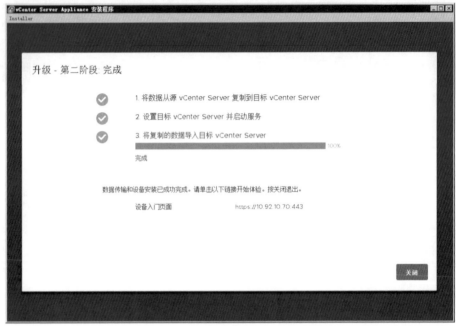

圖 2-3-27

第 28 步，使用瀏覽器登入 VCSA，登入介面僅支援 HTML 5 方式，説明已經升級到 7.0 版本，如圖 2-3-28 所示。

第 29 步，查看 VCSA 相關情況，來源 vcsa67 虛擬機器已處於關閉電源狀態，升級後新的 vcsa67-update-vcsa7 虛擬機器處於運行狀態，如圖 2-3-29 所示。

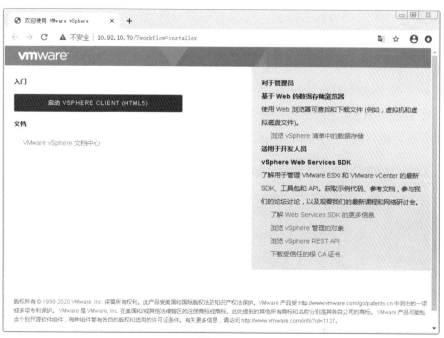

圖 2-3-28

圖 2-3-29

第 30 步，打開虛擬機器主控台，可以看到虛擬機器的運行版本及 IP 位址等資訊，如圖 2-3-30 所示。

至此，升級 VCSA 6.7 至 VCSA 7.0 完成，整體來說難度係數並不大。需要注意的是，VCSA 升級本質上是新建 VCSA 虛擬機器，然後匯入來源 VCSA 資料，升級過程中來源 VCSA 虛擬機器會關機，無法提供服務。升級完成後，來源 VCSA 虛擬機器建議保留一段時間再刪除。

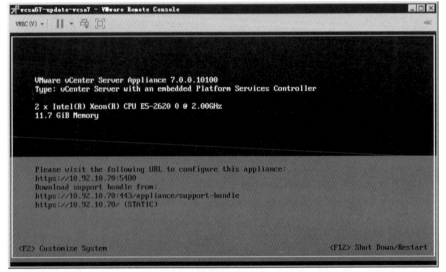

圖 2-3-30

## 2.3.2　跨平台遷移 vCenter Server 6.5 至 vCenter Server 7.0

生產環境中不少使用者使用 Windows 版本的 vCenter Server，而 vCenter Server 7.0 已經不再支援 Windows，所以只能進行跨平台遷移。需要注意的是，如果使用的是 vCenter Server 6.0，必須先升級到 vCenter Server 6.5 或 6.7，再進行跨平台遷移操作。本節操作以從 vCenter Server 6.5 跨平台遷移到 vCenter Server 7.0 為例介紹。

第 1 步，查看來源 vCenter Server 6.5 相關資訊，如圖 2-3-31 所示。

圖 2-3-31

第2步，執行 vCenter Server 7.0 安裝程式，如圖 2-3-32 所示，點擊「遷移」圖示。

圖 2-3-32

第 3 步，遷移分為兩個階段，先進行第一階段參數設定，如圖 2-3-33 所示，
點擊「下一步」按鈕。

圖 2-3-33

第 4 步，選取「我接受授權合約條款。」核取方塊接受使用者授權合約，如
圖 2-3-34 所示，點擊「下一步」按鈕。

圖 2-3-34

第 5 步，連接到來源 vCenter Server 6.5，輸入相關資訊，如圖 2-3-35 所示。

圖 2-3-35

第 6 步，在來源 vCenter Server 上執行 VMware-Migration-Assistant 程式，如圖 2-3-36 所示，該程式位於 vCenter Server 7.0 ISO 安裝檔案中。

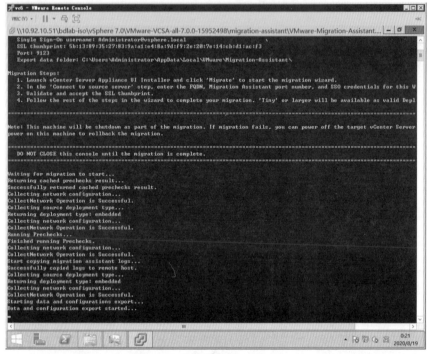

圖 2-3-36

第 7 步，對遷移程式與來源 vCenter Server 上的 VMware-Migration-Assistant 程式進行驗證並進行提示，如圖 2-3-37 所示，點擊「是」按鈕。

验证指纹

以下位置安裝了不可信的 SSL 证书: 10.92.10.143

证书的 SHA1 指纹为:

5B:13:89:35:27:83:9A:A1:E4:8A:9D:F9:2E:20:7E:14:CB:D1:AC:F3

请验证该指纹是否与源服务器上运行的 Migration Assistant 指纹相匹配。

要接受并继续，请单击"是"

否　　是

圖 2-3-37

第 8 步，設定目標 VCSA 虛擬機器部署的 ESXi 主機或 vCenter Server，此處輸入的是 ESXi 主機相關資訊，如圖 2-3-38 所示，點擊「下一步」按鈕。

第 9 步，彈出「證書警告」提示框，如圖 2-3-39 所示，點擊「是」按鈕接受證書並繼續下一步操作。

第 10 步，設定目標虛擬機器相關資訊，如圖 2-3-40 所示，點擊「下一步」按鈕。

圖 2-3-38

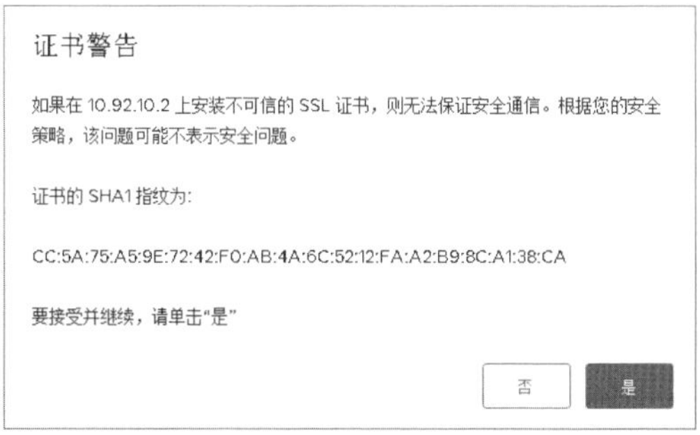

圖 2-3-39

圖 2-3-40

第 11 步，選擇目標 VCSA 虛擬機器部署大小，不同的部署大小對虛擬機器硬體資源要求不同，可根據生產環境的實際情況進行選擇，如圖 2-3-41 所示，點擊「下一步」按鈕。

圖 2-3-41

第12步,選擇目標虛擬機器使用的資料儲存,如圖2-3-42所示,點擊「下一步」按鈕。

圖 2-3-42

第 13 步,設定虛擬機器臨時網路,如圖 2-3-43 所示。需要注意的是,臨時網路必須能夠存取來源 vCenter Server 6.5 虛擬機器,點擊「下一步」按鈕。

圖 2-3-43

第 14 步，完成第一階段相關參數設定，如圖 2-3-44 所示，點擊「完成」按鈕。

圖 2-3-44

第 15 步，開始第一階段遷移部署，如圖 2-3-45 所示。

圖 2-3-45

第 16 步，完成第一階段遷移部署，如圖 2-3-46 所示，點擊「繼續」按鈕進行第二階段遷移部署。需要注意的是，如果第一階段遷移部署出現問題，第二階段遷移部署將無法進行。

圖 2-3-46

第17步，進行遷移第二階段遷移部署，如圖2-3-47所示，點擊「下一步」按鈕。

圖 2-3-47

第 18 步，系統會進行遷移前檢查並將檢查結果進行提示，如圖 2-3-48 所示，點擊「關閉」按鈕。

圖 2-3-48

第 19 步，選擇需要複製的資料，如圖 2-3-49 所示，生產環境推薦保留所有歷史資料，點擊「下一步」按鈕。

圖 2-3-49

第 20 步，根據實際情況確定是否加入 VMware 客戶體驗提升計畫，如圖 2-3-50 所示，點擊「下一步」按鈕。

第 21 步，確認遷移參數設定是否正確，選取「我已備份來源 vCenter Server 和資料庫中的所有必要資料。」核取方塊，如圖 2-3-51 所示，點擊「完成」按鈕。

圖 2-3-50

圖 2-3-51

第 22 步，遷移過程中來源 vCenter Server 虛擬機器會關閉，此時會彈出「關機警告」提示框，如圖 2-3-52 所示，點擊「確定」按鈕。

圖 2-3-52

第 23 步，資料傳輸有 3 個步驟，每一步都不能出現顯示出錯，圖 2-3-53 所示是將資料從來源 vCenter Server 複製到目標 vCenter Server。

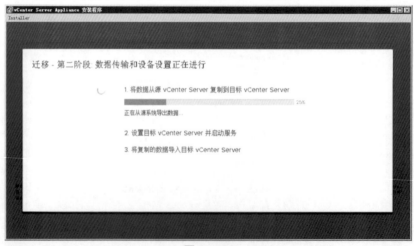

圖 2-3-53

第 24 步,匯入資料過程會提示「如果使用 Auto Deploy,請更新 DHCP 設定並使用新 Auto Deploy 伺服器中的新 tramp 檔案組更新 TFTP 設定」,如圖 2-3-54 所示,該提示不影響遷移,點擊「關閉」按鈕。

圖 2-3-54

第 25 步,完成第二階段遷移部署,如圖 2-3-55 所示,點擊「關閉」按鈕。

圖 2-3-55

第 26 步,查看 VCSA 版本,可以發現已經遷移到 7.0 版本,如圖 2-3-56 所示。

圖 2-3-56

第 27 步,打開 VCSA 虛擬機器主控台,遷移完成後的介面如圖 2-3-57 所示。

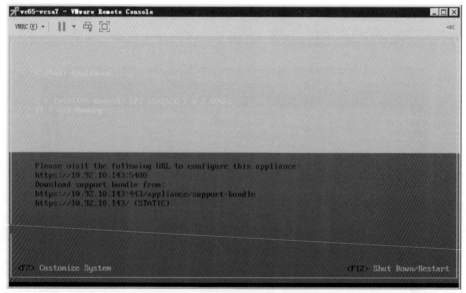

圖 2-3-57

至此，跨平台將 vCenter Server 6.5 遷移到 vCenter Server 7.0 完成，只要做好準備工作，遷移過程不會出現問題。需要注意的是，vCenter Server 7.0 安裝程式不能執行在來源 vCenter Server 上，因為來源 vCenter Server 需要執行 VMware-Migration-Assistant 程式，並且在遷移後期虛擬機器會關閉。

## ▶ 2.4 vCenter Server 7.0 增強型連結模式

增強型連結模式從 VMware vSphere 6.0 開始引入，主要用於一些大型環境，特別是一些跨國企業，可以透過登入一個 vCenter Server 管理所有已連結的 vCenter Server。

### 2.4.1 增強型連結模式應用場景

對中小企業來說，通常部署一個 vCenter Server 用於管理生產環境中的 ESXi 主機及虛擬機器。一個 vCenter Server 可以管理大量的裝置，但對一些大型企業或是特殊應用來說，一個 vCenter Server 無法滿足其需求，如果單獨部署多個 vCenter Server，因為不能統一管理又會給管理帶來很多問題，VMware vSphere 提供了增強型連結模式來解決這個問題。透過增強型連結模式，使用者登入任意一個 vCenter Server 就可以查看和管理所有 vCenter Server。

由於 vCenter Server 7.0 已棄用外部 Platform Services Controller 部署，所以增強型連結模式的部署也和之前發現了變化，原來外部獨立的部署方式就不適用了。

vCenter Server 7.0 的增強型連結模式可以視為嵌入連結模式，不依賴 Platform Services Controller。對於新的增強型連結模式，其新增功能主要如下。

- 無須外部 Platform Services Controller 支援，簡化了部署。
- 簡化的備份和還原過程，不需負載平衡器。
- 最多可將 15 個 vCenter Server 連結到一起，並在一個清單視圖中顯示。
- 對於 vCenter HA 叢集，三個節點視為一個邏輯 vCenter Server 節點。一個 vCenter HA 叢集需要一個 vCenter Server 標準許可證。

結合上面的介紹，可以了解嵌入連結模式適用於已經部署好 Linux 版本 vCenter Server 的生產環境，可以在不修改基礎架構的情況下進行擴充。

## 2.4.2　使用增強型連結模式部署 VCSA

使用增強型連結模式部署 VCSA 與前面部署 VCSA 7.0 大致相同，只是在設定上有一些差別。本節操作不做具體介紹，只介紹關鍵操作，如何部署 VCSA 請參考本章其他小節。

第 1 步，在前面的章節中，已經部署好一台 VCSA 7.0，如圖 2-4-1 所示。

第 2 步，使用 VCSA 7.0 安裝程式新部署一台 VCSA，完成第一階段安裝部署，如圖 2-4-2 所示，點擊「繼續」按鈕。

第 3 步，重點在於第二階段安裝部署，選擇加入現有 SSO 域，輸入環境中已部署好的 VCSA 7.0 相關資訊，如圖 2-4-3 所示，點擊「下一步」按鈕。

第 4 步，確認參數是否正確，如圖 2-4-4 所示，點擊「完成」按鈕。

第 5 步，完成新的 VCSA 7.0 部署，如圖 2-4-5 所示，點擊「關閉」按鈕。

圖 2-4-1

安裝 - 第一阶段: 部署 vCenter Server Appliance

ⓘ 您已成功部署 vCenter Server。

要继续执行部署过程的第 2 阶段 (设备设置),请单击"继续"。

如果退出,以后随时可以登录到 vCenter Server Appliance 管理界面继续进行设备设置 https://vcsa7-02.bdnetlab.com:5480/

取消　关闭　继续

圖 2-4-2

vCenter Server Appliance 安裝程序

Installer

**vm**　安裝 - 第二阶段: 设置 vCenter Server Appliance

1　简介

2　设备配置

3　SSO 配置

4　配置 CEIP

5　即将完成

### SSO 配置

○ 创建新 SSO 域

● 加入现有 SSO 域

| | |
|---|---|
| vCenter Server | vcsa7.bdnetlab.com | ⓘ |
| HTTPS 端口 | 443 | |
| Single Sign-On 域名 | vsphere.local | ⓘ |
| Single Sign-On 用户名 | administrator | |
| Single Sign-On 密码 | ・・・・・・・・・・・ | ⓘ |

PSC

vCenter

取消　上一步　下一步

圖 2-4-3

圖 2-4-4

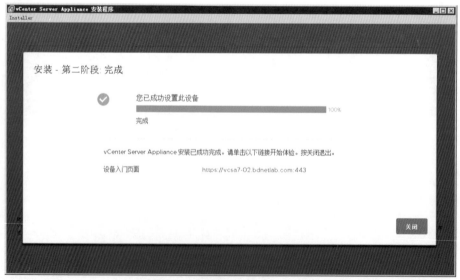

圖 2-4-5

第 6 步，登入新部署的 VCSA，清單中可以看到兩台 VCSA，如圖 2-4-6 所示。

第 7 步，登入來源 VCSA 7.0，清單中也可以看到兩台 VCSA，說明使用增強型連結模式部署 VCSA 成功，如圖 2-4-7 所示。

圖 2-4-6

圖 2-4-7

至此，增強型連結模式部署 VCSA 完成。與之前的版本相比較，其取消了外部
獨立 Platform Services Controller 部署，在一定程度上減少了故障點，更利於增
強型連結模式的設定使用。

## ▶ 2.5　vCenter Server 7.0 常用操作

VMware vSphere 7.0 部署完成後，在日常的維護過程中還涉及授權增加、SSO
相關設定，以及透過管理後台進行修改等操作。本節將介紹 VMware vSphere
7.0 的常用操作。

### 2.5.1　vCenter Server 授權增加

在生產環境中有時需要對 VMware vSphere 及相關產品進行授權。注意，
VMware vSphere 6.X 的授權不適用於 VMware vSphere 7.0，具體情況可以參考
購買合約。

第 1 步，登入 VMware vSphere 7.0，授權操作位於「系統管理」選單，如圖 2-5-1
所示，點擊「增加新許可證」按鈕。

圖 2-5-1

第 2 步，輸入許可證金鑰可以批次增加多個產品的授權，如圖 2-5-2 所示，增加完成後點擊「下一步」按鈕。

圖 2-5-2

第 3 步，增加完許可證金鑰並不代表產品已經授權，需要將許可證分配到具體的產品，如圖 2-5-3 所示，點擊「分配許可證」按鈕進行分配。

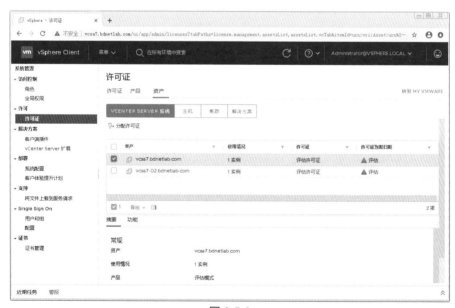

圖 2-5-3

至此，VMware vSphere 授權增加完成，未購買授權可以使用評估許可證。評估許可證具有全功能，但有 60 天的時間限制，必須在評估結束前分配正式許可證。

## 2.5.2　SSO 相關設定

VMware vSphere 7.0 使用者和組管理基於 SSO，允許與第三方標識來源進行對接。本節將介紹 SSO 相關設定。

第 1 步，存取「系統管理」選單中的 Single Sign On 設定，可以看到身份提供程式支援多種標識來源，如圖 2-5-4 所示。使用者可以根據實際情況進行選擇，點擊「增加」按鈕可以設定標識來源。

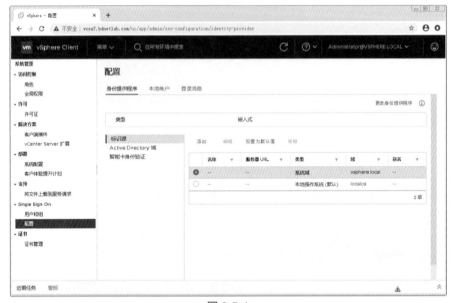

圖 2-5-4

第 2 步，標識來源支援多種類型，包括 Active Directory（整合 Windows 身份驗證）、基於 LDAP 的 Active Directory、Open LDAP、SSO 伺服器的本地作業系統，如圖 2-5-5 所示。

圖 2-5-5

第 3 步，如果生產環境中部署有 Active Directory 域，可以將 vCenter Server 加入 Active Directory 域中，使用域使用者進行管理，如圖 2-5-6 所示，點擊「加入 AD」按鈕。

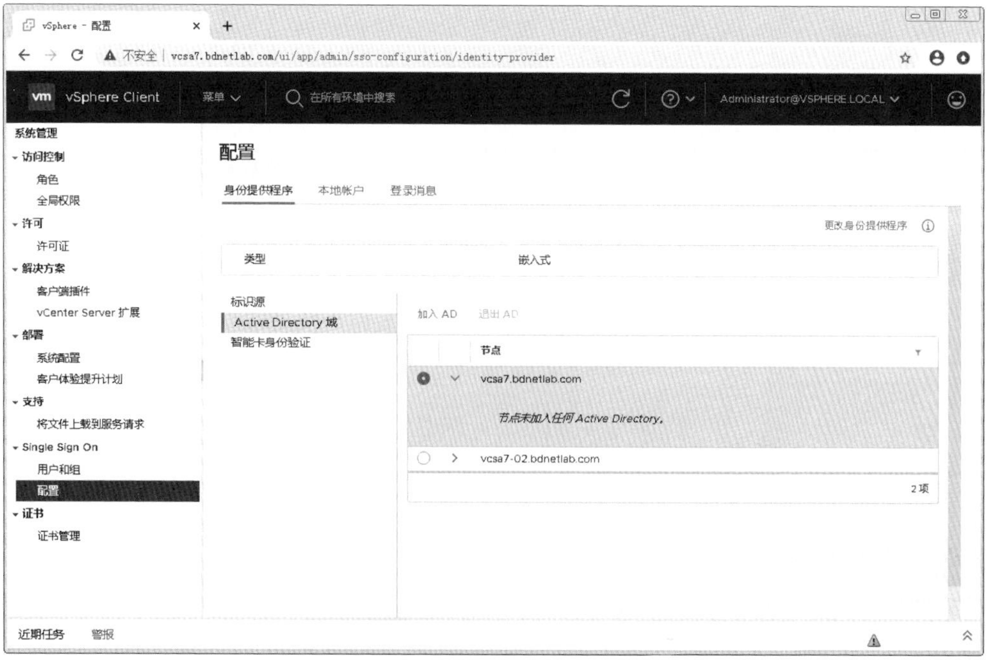

圖 2-5-6

第 4 步，輸入加入 Active Directory 域需要使用的域相關資訊，根據實際情況進行輸入，如圖 2-5-7 所示，完成後點擊「加入」按鈕。

第 5 步，Single Sign On 設定還可以用於調整本地帳戶的密碼策略，如圖 2-5-8 所示，可以根據實際情況進行調整。

圖 2-5-7

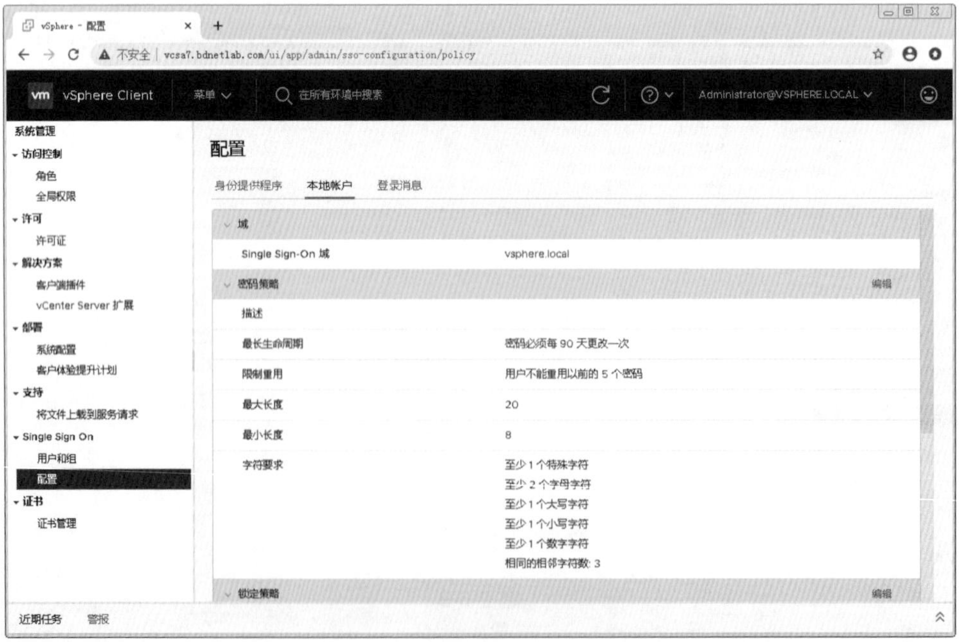

圖 2-5-8

## 2.5.3　vCenter Server 管理後台操作

vCenter Server 除了透過瀏覽器進行日常的管理外，還可以透過增加通訊埠編號 5480 進入後台管理介面進行其他操作。

第 1 步，透過增加通訊埠編號 5480 存取 vCenter Server 管理後台，如圖 2-5-9 所示，vCenter Server 運行狀況正常。

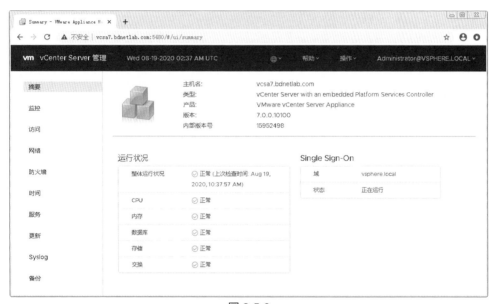

圖 2-5-9

第 2 步，透過「監控」選單可以查看 CPU 和記憶體、磁碟、網路、資料庫的使用情況，如圖 2-5-10 所示。

圖 2-5-10

第 3 步，透過「存取」選單可以對 SSH 登入、DCLI、主控台 CLI，以及 Bash Shell 進行設定，如圖 2-5-11 所示。

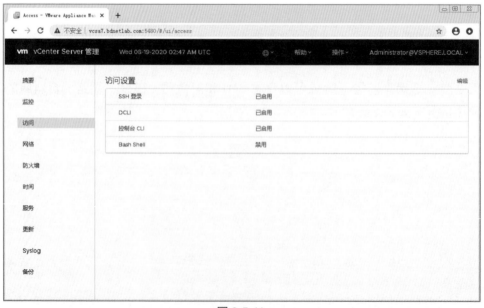

圖 2-5-11

第 4 步，透過「網路」選單可以對 vCenter Server 網路進行修改，如圖 2-5-12 所示。需要説明的是，早期的 vCenter Server 部署完成後不支援對網路進行修改。點擊「編輯」按鈕。

圖 2-5-12

第 5 步，進入編輯網路設定介面，對主機名稱和 DNS 進行調整，如圖 2-5-13 所示。

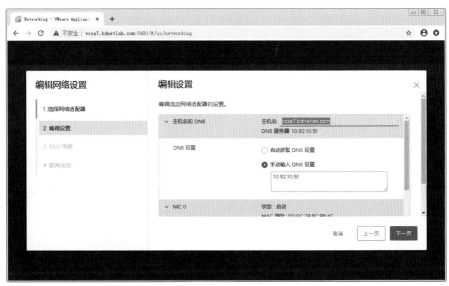

圖 2-5-13

第 6 步，對 vCenter Server 的 IP 位址進行修改，如圖 2-5-14 所示。

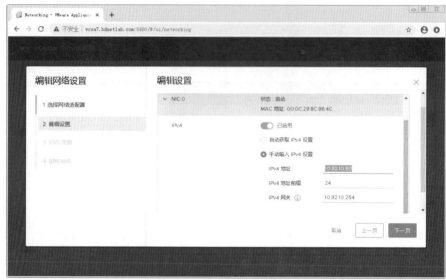

圖 2-5-14

第 7 步，透過「時間」選單可以對 vCenter Server 的時區及時間進行設定，如圖 2-5-15 所示，生產環境中強烈推薦設定 NTP 伺服器用於同步時間。

圖 2-5-15

第 8 步，透過「服務」選單可以對 vCenter Server 服務進行重新開機、關閉等操作，如圖 2-5-16 所示。

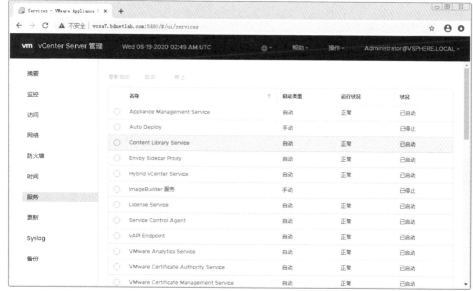

圖 2-5-16

第 9 步，透過「更新」選單可以線上升級 vCenter Server，如圖 2-5-17 所示。

圖 2-5-17

第 10 步，透過「Syslog」選單可以設定將日誌轉發給專用的日誌伺服器，如圖 2-5-18 所示，點擊「編輯」按鈕。

圖 2-5-18

第 11 步，輸入遠端 Syslog 伺服器位址，如圖 2-5-19 所示，點擊「保存」按鈕。

圖 2-5-19

第 12 步，對遠端 Syslog 伺服器發送測試訊息，確保 Syslog 伺服器能夠接收到該訊息，如圖 2-5-20 所示。

至此，vCenter Server 管理後台基本操作介紹完畢。日常使用過程中，如果 vCenter Server 主介面無法存取，可以

圖 2-5-20

透過管理後台檢查 vCenter Server 是否正常執行，或透過「服務」選單重新開機 vCenter Server。

## 2.5.4　設定和使用 vCenter Server 備份

vCenter Server 管理後台內建有備份功能，透過日常的備份，可以快速重新部署 vCenter Server。需要說明的是，vCenter Server 內建的備份並不是完整的虛擬機器備份，其僅備份了 vCenter Server 的資料庫、設定等資訊，然後透過這些資訊重新部署 vCenter Server。

第 1 步，進入備份介面。如圖 2-5-21 所示，備份操作需要設定備份伺服器，vCenter Server 支援 FTP、HTTPS 等多種備份傳輸協定，點擊「編輯」按鈕。

圖 2-5-21

第 2 步，實驗環境中已經建好 FTP 伺服器，輸入備份排程相關資訊，如圖 2-5-22 所示，點擊「保存」按鈕。

圖 2-5-22

第 3 步，設定完成後，可以立即進行備份或按排程時間進行備份，如圖 2-5-23
所示。

圖 2-5-23

第 4 步，存取 FTP 伺服器可以查看 vCenter Server 備份成功的檔案，如圖 2-5-24
所示。

第 5 步，如果 vCenter Server 出現故障，可以透過還原的方式重新部署，如圖
2-5-25 所示，點擊「還原」圖示。

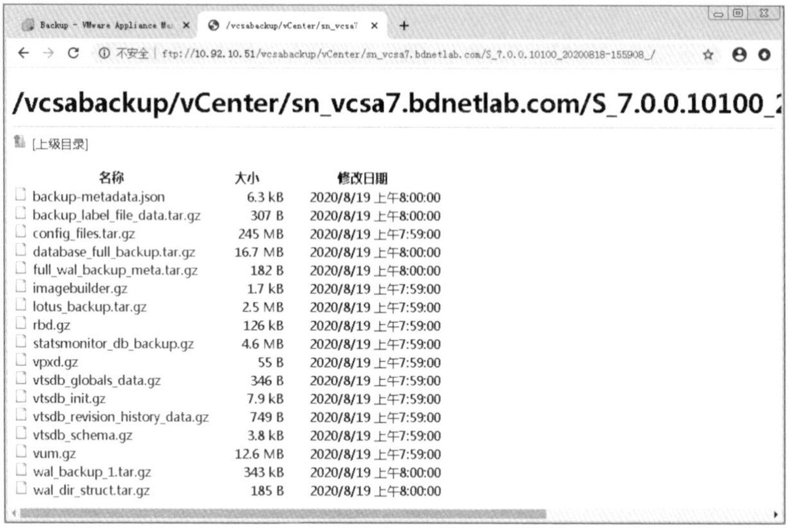

圖 2-5-24

圖 2-5-25

第 6 步，輸入備份詳細資訊，必須確保 FTP 伺服器能夠正常存取，否則無法讀取備份檔案，如圖 2-5-26 所示，點擊「下一步」按鈕。

圖 2-5-26

第 7 步，如果有多個備份檔案，可以根據備份時間選擇需要恢復的檔案，如圖 2-5-27 所示，點擊「選擇」按鈕。

圖 2-5-27

第 8 步,確認選擇的備份檔案,如圖 2-5-28 所示,確認無誤後點擊「下一步」按鈕。

第 9 步,系統會對備份資訊進行檢查,如圖 2-5-29 所示,點擊「下一步」按鈕。

圖 2-5-28

圖 2-5-29

第 10 步，備份檔案檢查完畢後，就可以進入「裝置部署目標」介面，如圖 2-5-30
所示，點擊「下一步」按鈕，剩餘操作與部署 vCenter Server 7.0 相同，此處不
做演示，可以參考前面章節中的內容。

圖 2-5-30

至此，使用 vCenter Server 備份還原完成。這是內建的備份工具，對生產環境
來說，使用相當簡單實用。如果 vCenter Server 出現問題，可以透過還原重新
部署的方式進行恢復。

# ▶ 2.6 本章小結

本章詳細介紹了 vCenter Server 7.0 的部署、升級過程,還介紹了如何跨平台遷移。此外,作者針對 vCenter Server 7.0 版本再做以下說明。

### 1 · vCenter Server 7.0 部署

vCenter Server 7.0 不再支援 Windows 版本,全面支援 Linux 版本。對於運行維護人員,作者推薦學習一些 Linux 的基礎知識。

### 2 · vCenter Server 7.0 升級

並不是所有 vCenter Server 6.X 版本都可以升級到 vCenter Server 7.0,同時也要注意來源 vCenter Server 作業系統版本,如 vCenter Server 6.0 已不再支援直接升級到 7.0 版本,升級前可參考 VMware 官方文件。

### 3 · 跨平台遷移至 vCenter Server 7.0

跨平台遷移操作存在風險,生產環境建議操作前對來源 vCenter Server 進行備份,這樣如果遷移出現問題時可以快速恢復。

## ▶ 2.7 本章習題

1. 請詳細描述 vCenter Server 在 VMware vSphere 架構中的作用。

2. 請詳細描述增強型連結模式的使用場景。

3. 部署 vCenter Server 7.0 需要注意什麼？

4. 從 vCenter Server 6.X 升級到 vCenter Server 7.0 需要注意什麼？

5. 跨平台從 vCenter Server 6.X 遷移到 vCenter Server 7.0 需要注意什麼？

6. 部署 vCenter Server 7.0，環境中有 DNS 伺服器，解析正常，第一階段至 80% 卡住，可能是什麼原因？

7. 部署 vCenter Server 7.0，環境中有 DNS 伺服器，解析正常，第一階段完成，第二階段設定 IP 後部署失敗，可能是什麼原因？

8. 無 DNS 環境部署 vCenter Server 7.0，第一階段部署成功，但第二階段失敗，應該如何處理？

9. vCenter Server 7.0 無法登入，但可進入管理後台，可能是什麼原因？

10. vCenter Server 7.0 虛擬機器正常啟動，但無法存取，可能是什麼原因？

11. vCenter Server 7.0 虛擬機器能否修改 IP 位址？

12. vCenter Server 7.0 虛擬機器硬體是否能夠在部署完成後調整？

13. vCenter Server 7.0 虛擬機器硬碟空間使用 100% 如何處理？

14. vCenter Server 是否能使用第三方認證？

15. 無備份伺服器如何對 vCenter Server 7.0 進行備份？

# 第 3 章

# 建立和使用虛擬機器

建構好 VMware vSphere 基礎架構後,就可以建立和使用虛擬機器了。作為企業虛擬化架構實施人員或管理人員,必須要考慮如何在企業生產環境建構高可用的虛擬化環境。本章將介紹如何建立和使用虛擬機器,以及虛擬機器範本和快照。

【本章要點】
- 虛擬機器介紹
- 建立虛擬機器
- 管理虛擬機器
- 虛擬機器常用操作

## ▶ 3.1 虛擬機器介紹

### 3.1.1 什麼是虛擬機器

虛擬機器與物理機一樣,都是執行作業系統和應用程式的電腦。虛擬機器包含一組規範和設定檔,並由主機的物理資源提供支援。每個虛擬機器都具有一些虛擬裝置,這些裝置可提供與物理硬體相同的功能,並且可攜性更強、更安全且更易於管理。虛擬機器包含許多個檔案,這些檔案儲存在存放裝置上。檔案包括設定檔、虛擬磁碟檔案、NVRAM 設定檔案和記錄檔等。

### 3.1.2 組成虛擬機器的檔案

從儲存上看,虛擬機器由一組離散的檔案組成。虛擬機器主要由以下檔案組成。

**（1）設定檔**

其命名規則為 < 虛擬機器名稱 >.vmx。這個檔案記錄了作業系統的版本、記憶體大小、硬碟類型及大小、虛擬網路卡 MAC 位址等資訊。

**（2）交換檔**

其命名規則為 < 虛擬機器名稱 >.vswp。其類似於 Windows 系統的分頁檔，主要用於虛擬機器開關機時進行記憶體交換。

**（3）BIOS 檔案**

其命名規則為 < 虛擬機器名稱 >.nvram。為了與實體伺服器相同，用於產生虛擬機器的 BIOS。

**（4）記錄檔**

其命名規則為 vmware.log。它是虛擬機器的記錄檔。

**（5）硬碟描述檔案**

其命名規則為 < 虛擬機器名稱 >.vmdk。它是虛擬硬碟的描述檔案，與虛擬硬碟有差別。

**（6）硬碟資料檔案**

其命名規則為 < 虛擬機器名稱 >.flat.vmdk。它是虛擬機器使用的虛擬硬碟，實際所使用的虛擬硬碟的容量就是此檔案的大小。

**（7）暫停狀態檔案**

其命名規則為 < 虛擬機器名稱 >.vmss。它是虛擬機器進入暫停狀態時產生的檔案。

**（8）快照資料檔案**

其命名規則為 < 虛擬機器名稱 >.vmsd。它是建立虛擬機器快照時產生的檔案。

**（9）快照狀態檔案**

其命名規則為 < 虛擬機器名稱 >.vmsn。如果虛擬機器快照包括記憶體狀態，就會產生此檔案。

## （10）快照硬碟檔案

其命名規則為 < 虛擬機器名稱 >.delta.vmdk。使用快照時，來源 .vmdk 檔案會保持來源狀態同時產生 .delta.vmdk 檔案，所有的操作都是在 .delta.vmdk 檔案上進行。

## （11）範本檔案

其命名規則為 < 虛擬機器名稱 >.vmtx。它是虛擬機器建立範本後產生的檔案。

# 3.1.3　虛擬機器硬體介紹

建立虛擬機器時必須設定相對應的虛擬硬體資源。VMware vSphere 7.0 虛擬機器使用發佈的虛擬機器硬體 17 版，下面來了解虛擬機器對虛擬硬體資源的需求。

### 1・虛擬機器硬體資源支援

VMware vSphere 7.0 對虛擬機器硬體資源的支援非常強大，單台虛擬機器最大可以使用 128 個 vCPU 及 6TB 記憶體。VMware vSphere 7.0 與其他版本支援的虛擬機器硬體資源比較如表 3-1-1 所示。

▼ 表 3-1-1　VMware vSphere 7.0 與其他版本支援的虛擬機器硬體資源比較

| 最大支援 | VMware vSphere 版本 | | | |
|---|---|---|---|---|
| | 6.0 | 6.5 | 6.7 | 7.0 |
| vCPU per VM | 128 | 128 | 128 | 256 |
| vRAM per VM | 4TB | 6TB | 6TB | 6TB |

### 2・ESXi 主機與各個版本的虛擬機器硬體相容性

ESXi 7.0 主機上虛擬機器使用的是 17 版本的虛擬硬體。表 3-1-2 是 ESXi 主機不同版本對應的虛擬機器硬體版本。

▼ 表 3-1-2　ESXi 主機不同版本對應的虛擬機器硬體版本

| ESXi 版本 | 虛擬機器硬體版本 |
|---|---|
| VMware ESXi 7.0 | 17 |
| VMware ESXi 6.7 U2 | 16 |
| VMware ESXi 6.7 | 14 |

| ESXi 版本 | 虛擬機器硬體版本 |
|---|---|
| VMware ESXi 6.5 | 12、13 |
| VMware ESXi 6.0 | 11 |
| VMware ESXi 5.5 | 10 |
| VMware ESXi 5.1 | 9 |
| VMware ESXi 5.0 | 8 |
| VMware ESXi 4.X | 7 |

### 3・ESXi 主機及虛擬機器支援的儲存介面卡

ESXi 支援不同類別的介面卡，包括 SCSI、iSCSI、RAID、光纖通道、乙太網路光纖通道（Fibre Channel over Ethernet，FCoE）和乙太網路。ESXi 透過 VMkernel 中的裝置驅動程式直接存取介面卡。虛擬機器能夠支援的儲存介面卡如下。

- BusLogic Parallel：與 Mylex (BusLogic) BT/KT-958 相容的最新主機匯流排介面卡。
- LSI Logic Parallel：支援 LSI Logic LSI53C10xx Ultra320 SCSI I/O 控制器。
- LSI Logic SAS：LSI Logic SAS 轉換器具有序列介面。
- VMware「半虛擬化」SCSI：高性能儲存介面卡，可以實現更高的輸送量並降低 CPU 佔用量。
- AHCI SATA 控制器：可存取虛擬磁碟和 CD/DVD 裝置。SATA 虛擬控制器以 AHCI SATA 控制器的形式呈現給虛擬機器。AHCI SATA 僅適用於與 ESXi 5.5 及更新版本相容的虛擬機器。
- 虛擬 NVMe：NVMe 是將快閃記憶體存放裝置連接至 PCI Express 匯流排並進行存取的 Intel 規範。NVMe 可替代現有基於資料區塊的伺服器儲存 I/O 存取協定。

### 4・虛擬機器磁碟類型的說明

在建立虛擬機器的時候，會對虛擬機器使用的磁碟類型（Disk Provisioning）進行選擇。

- Thick Provision Lazy Zeroed：預先配給延遲置零。建立虛擬機器磁碟時的預設類型，所有空間都被分配，但是原來在磁碟上寫入的資料不被刪除。儲存空間中的現有資料不被刪除而是留在物理磁碟上，擦拭資料和格式化只

在第一次寫入磁碟時進行，這會降低性能。陣列整合儲存 API（vStorage API for Array Integration，vAAI）的區塊置零特性極大地減輕了這種性能降低的現象。

- Thick Provision Eager Zeroed：預先配給置零。所有磁碟空間被保留，資料完全從磁碟上刪除，磁碟建立時進行格式化。建立這樣的磁碟花費時間比延遲置零長，但增強了安全性，同時，寫入磁碟性能要比延遲置零好。
- Thin Provision：動態配給。使用此類型，.vmdk 檔案不會一開始就全部使用，而是隨資料的增加而增加，舉例來說，虛擬機器設定了 40GB 虛擬磁碟空間，安裝作業系統使用了 10GB 空間，那麼 .vmdk 檔案大小應該是 10GB，而非 40GB，這樣做的好處是節省了磁碟空間。可以透過 UNMAP 命令對未使用空間進行回收操作。

對於需要高性能的應用建議使用預先配給，因為預先配給能夠更好支援 HA、FT 等特性，如果已經使用了動態配給，可以將磁碟類型修改為預先配給。

### 5·虛擬機器磁碟模式

在建立虛擬機器的時候，除了虛擬機器磁碟類型外，還會有對虛擬機器磁碟模式的選擇。

- Independent Persistent：獨立持久。虛擬機器的所有硬碟讀寫都寫入 .vmdk 檔案中，這種模式提供最佳性能。
- Independent Nonpersistent：獨立非持久。虛擬機器啟動後進行的所有修改被寫入一個檔案，此模式的性能不是很好。

### 6·虛擬網路介面卡

對於虛擬機器使用的網路介面卡，ESXi 7.0 版本推薦使用 VMXNET3。虛擬機器支援的網路介面卡如下。

- E1000E：Intel 82574L 乙太網路網路卡的模擬版本。E1000E 是 Windows 8 和 Windows Server 2012 的預設介面卡。
- E1000：Intel 82545EM 乙太網路網路卡的模擬版本，大多數較新版本的客戶端裝置作業系統中均配備該網路卡的驅動程式，其中包括 Windows XP 及更新版本和 Linux 2.4.19 及更新版本。

- Vlance：AMD 79C970 PCnet32 LANCE 網路卡的模擬版本。它是一種早期版本的 10Mbit/s 網路卡，32 位元的舊客戶端裝置作業系統可提供它的驅動程式。設定了此網路介面卡的虛擬機器可以立即使用其網路。

- VMXNET2（增強型）：基於 VMXNET 介面卡，但提供了一些通常用於新式網路的高性能功能，如巨型訊框和硬體移除。VMXNET2（增強型）只適用於 ESX/ESXi 3.5 及更新版本上的一些客戶端裝置作業系統，不支援 ESXi 6.7 及更新版本。

- VMXNET3：專為提高性能而設計的半虛擬化網路卡。VMXNET3 可提供 VMXNET2 中的所有可用功能並新增了幾種功能，如多佇列支援（在 Windows 中也稱為「接收端擴充」）、IPv6 移除和 MSI/MSI-X 中斷傳遞。

- SR-IOV 直通：在支援 SR-IOV 的物理網路卡上提供虛擬功能。此介面卡類型適用於需要更多 CPU 資源或延遲可能導致故障的虛擬機器。如果虛擬機器對網路延遲敏感，SR-IOV 可提供對受支援物理網路卡的虛擬功能的直接存取權限，從而繞過虛擬交換機並減少負擔。有些作業系統版本可能包含某些網路卡的預設虛擬功能驅動程式。對於其他作業系統，必須從網路卡或主機供應商提供的位置下載驅動程式並安裝。

- vSphere DirectPath I/O：允許虛擬機器上的客戶端裝置作業系統直接存取連接到主機的物理 PCI 和 PCIe 裝置。直通裝置能夠高效利用資源和提高性能。可以使用 vSphere Client 在虛擬機器上設定直通 PCI 裝置。

- PVRDMA：允許多個客戶端裝置透過使用業界標準介面 Verbs API 來存取 RDMA 裝置。現已實施一組此類 Verbs 來為應用提供支援 RDMA 的客戶端裝置裝置（PVRDMA）。應用可使用 PVRDMA 客戶端裝置驅動程式與底層物理裝置通訊。

## ▶ 3.2　建立虛擬機器

完成 ESXi 及 vCenter Server 安裝後，就可以建立和使用虛擬機器了。VMware vSphere 7.0 對 Windows 作業系統的支援非常完善，從早期的 MS-DOS 到最新的 Windows Server 2019，幾乎覆蓋了整個 Windows 作業系統。當然，VMware vSphere 7.0 對 Linux 系統的支援也非常完善，Redhat、CentOS、SUSE 等主流廠商各個版本的 Linux 都能夠運行。本節將介紹如何建立虛擬機器，以及安裝 VMware Tools。

## 3.2.1 建立 Windows 虛擬機器

第 1 步，選中叢集或主機並用滑鼠按右鍵，在彈出的快顯功能表中選擇「新建虛擬機器」選項，如圖 3-2-1 所示。

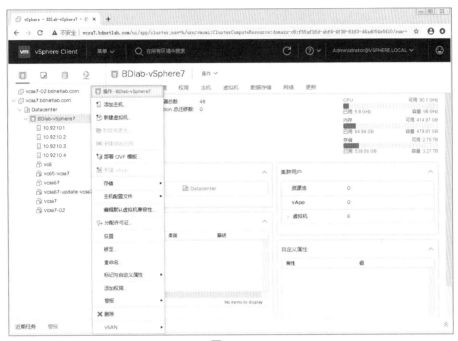

圖 3-2-1

第 2 步，進入「新建虛擬機器」介面，選擇建立類型為「建立新虛擬機器」，如圖 3-2-2 所示，點擊「NEXT」按鈕。

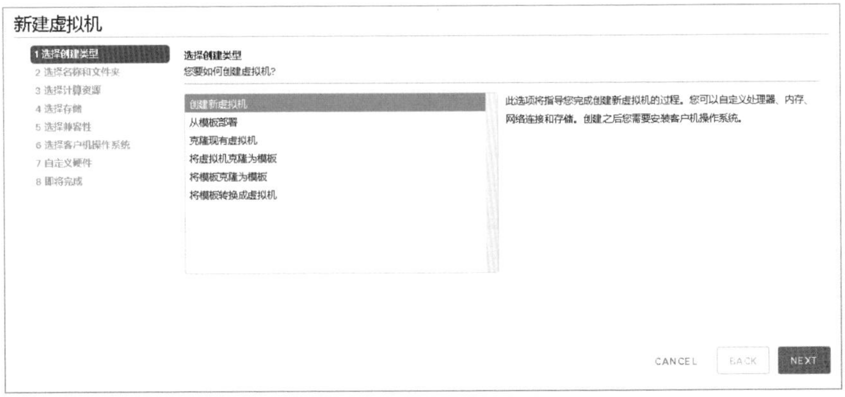

圖 3-2-2

第 3 步，設定虛擬機器名稱及其位置，如圖 3-2-3 所示，點擊「NEXT」按鈕。

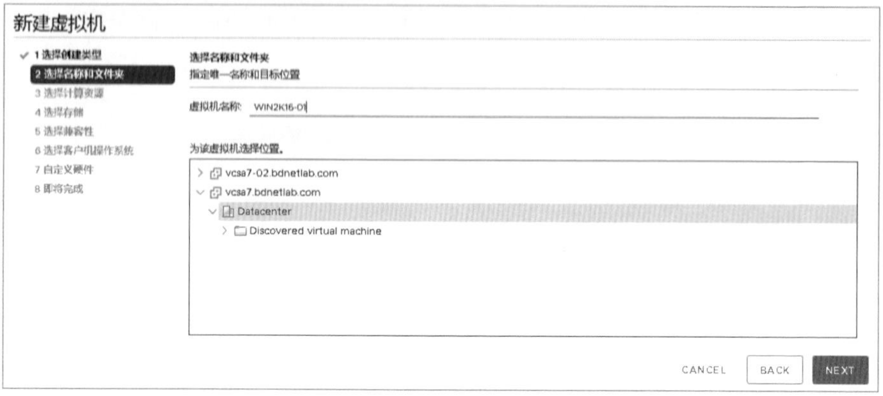

圖 3-2-3

第 4 步，由於還未啟用 DRS 進階特性，所以必須選擇虛擬機器運行的 ESXi 主機，如圖 3-2-4 所示，點擊「NEXT」按鈕。

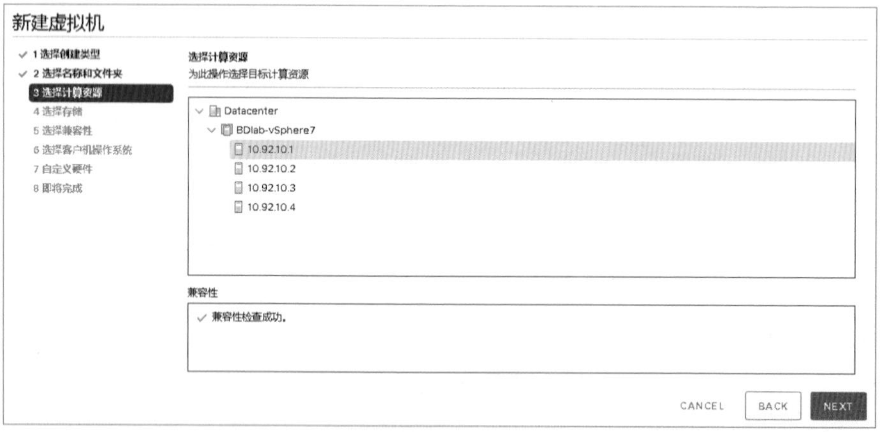

圖 3-2-4

第 5 步，選擇虛擬機器使用的資料儲存，如圖 3-2-5 所示，點擊「NEXT」按鈕。

圖 3-2-5

第 6 步，選擇虛擬機器使用的硬體版本，如圖 3-2-6 所示，點擊「NEXT」按鈕。需要注意的是，如果叢集中有非 7.0 版本的主機，需選擇低硬體版本，否則可能出現虛擬機器無法啟動的情況。

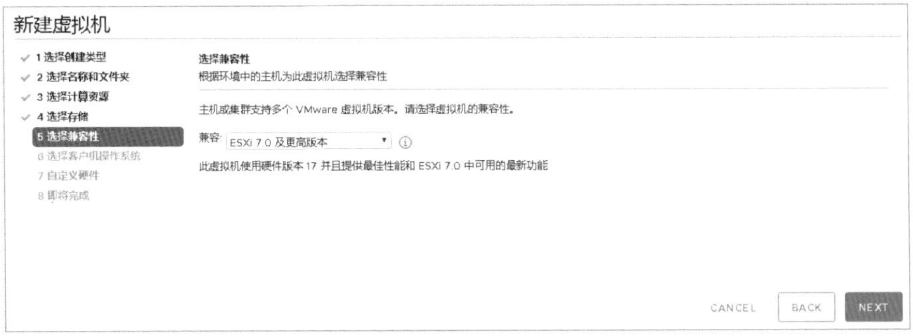

圖 3-2-6

第 7 步，選擇虛擬機器運行的作業系統，根據實際情況進行選擇，如圖 3-2-7 所示，點擊「NEXT」按鈕。

圖 3-2-7

第 8 步，系統會列出虛擬機器推薦使用的硬體規格，可以現在調整也可以安裝後調整，如圖 3-2-8 所示，點擊「NEXT」按鈕。

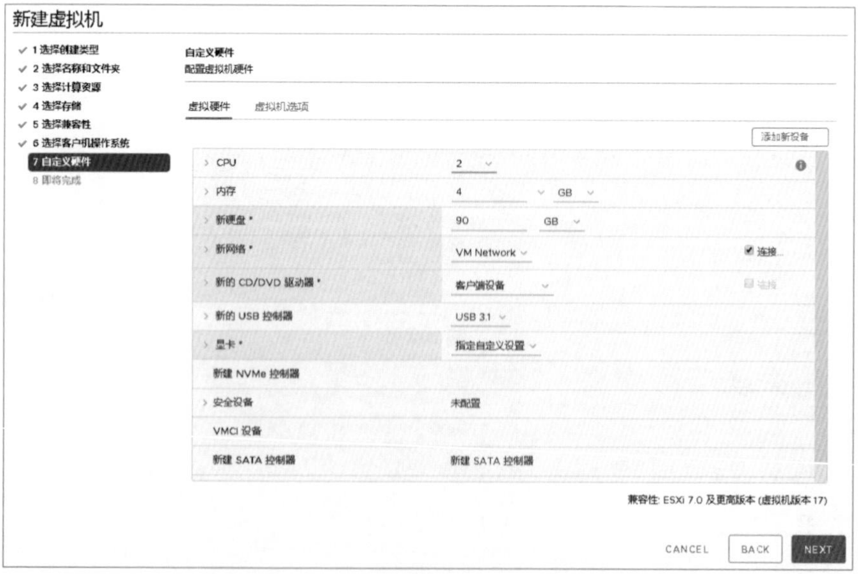

圖 3-2-8

第9步，確認虛擬機器參數是否正確，如圖3-2-9所示，若正確則點擊「FINISH」按鈕。

圖 3-2-9

第 10 步，完成虛擬機器建立，如圖 3-2-10 所示。

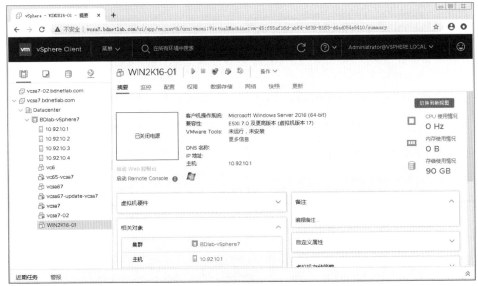

圖 3-2-10

第 11 步，使用 VMware Remote Console 主控台連接到虛擬機器，開始安裝作業系統，如圖 3-2-11 所示，點擊「下一步」按鈕。

第 12 步，其安裝過程與實體伺服器相同，安裝完成後的虛擬機器如圖 3-2-12 所示。

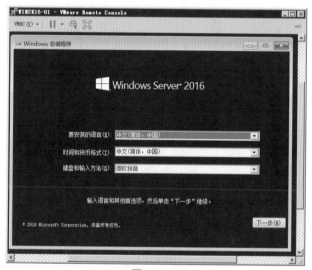

圖 3-2-11

　　　　　圖 3-2-12

至此，Windows 虛擬機器建立完成。生產環境中除了 Windows 虛擬機器外，Linux 虛擬機器也佔據非常大的百分比，Linux 虛擬機器建立與 Windows 虛擬機器幾乎一樣，此處不做演示。

## 3.2.2 安裝 VMware Tools

虛擬機器安裝作業系統後已經可以使用，但由於其特殊性，只有在安裝 VMware Tools 後，許多 VMware 功能才可以被使用。如果虛擬機器中未安裝 VMware Tools，則不能使用工具列中的關機或重新開機選項，只能使用電源選項。同時 VMware Tools 針對虛擬硬體使用專用驅動程式替換了通用驅動程式，改進了虛擬機器管理。Windows 及 Linux 虛擬機器對於 VMware Tools 的安裝有所區別。本節將介紹如何為虛擬機器安裝 VMware Tools。

1 · Windows 虛擬機器安裝 VMware Tools

第 1 步，查看虛擬機器相關資訊，提示該虛擬機器未安裝 VMware Tools，如圖 3-2-13 所示，點擊「安裝 VMware Tools」超連結。VMware Tools 未安裝會影響後續進階特性的使用。

圖 3-2-13

第 2 步，確認安裝 VMware Tools 工具，如圖 3-2-14 所示，點擊「掛載」按鈕。

圖 3-2-14

第 3 步，Windows 虛擬機器安裝 VMware Tools 實質上就是安裝標準應用程式，根據安裝精靈的提示安裝即可，如圖 3-2-15 所示，這裡不做詳細演示，點擊「下一步」按鈕。

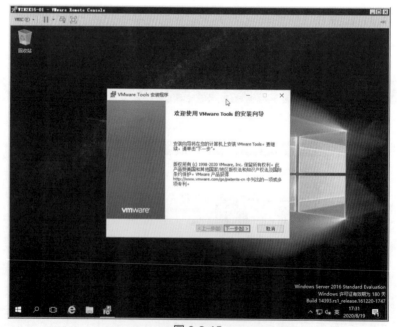

圖 3-2-15

第 4 步，安裝完成後查看虛擬機器相關資訊，如圖 3-2-16 所示，可以發現虛擬機器 VMware Tools 已安裝，並處於正在執行狀態。

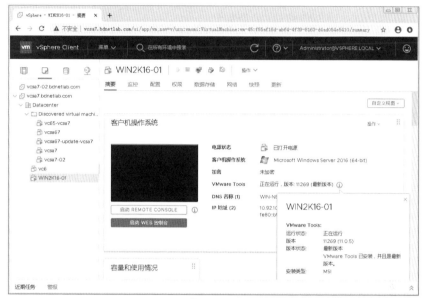

圖 3-2-16

## 2 · Linux 虛擬機器安裝 VMware Tools

CentOS 7 版本或其他新版本 Linux 系統在安裝過程中會檢測系統是否是虛擬化平台，如果是虛擬化平台，會自動安裝 open-vm-tools。需要注意的是，精簡版 Linux 可能不會自動安裝，需要手動進行安裝。

第 1 步，查看 CentOS7-01 虛擬機器的 VMware Tools 資訊，虛擬機器安裝的是開放原始碼 VMware Tools，但它不由 VMware 管理，如圖 3-2-17 所示。

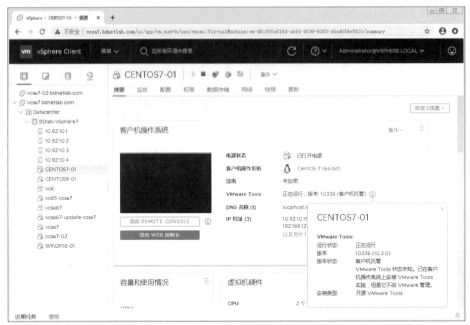

圖 3-2-17

第 2 步，如果想替換為 VMware Tools，必須先移除 open-vm-tools 後才能安裝
官方的 VMware Tools。使用命令「yum remove open-vm-tools」進行移除，如
圖 3-2-18 所示，輸入「y」確認移除。

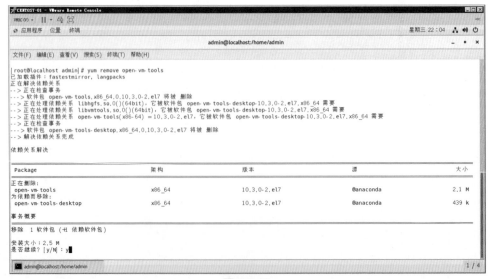

圖 3-2-18

第 3 步,移除 open-vm-tools 後重新查看 CentOS7-01 虛擬機器的 VMware Tools 資訊,提示未安裝 VMware Tools,如圖 3-2-19 所示。

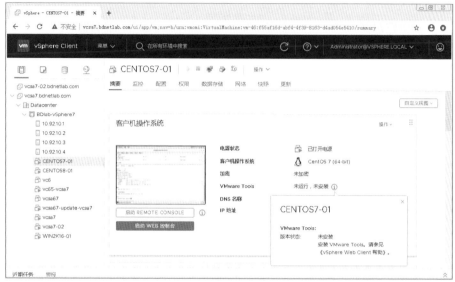

圖 3-2-19

第 4 步,掛載安裝 VMware Tools,使用命令 cp 將 VMware Tools 安裝檔案複製到 /tmp 目錄,如圖 3-2-20 所示。

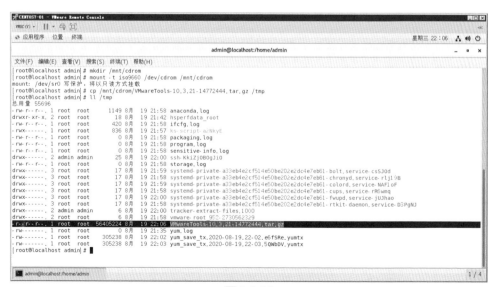

圖 3-2-20

第 5 步，使用命令 tar 解壓 VMware Tools 檔案，如圖 3-2-21 所示。

圖 3-2-21

第 6 步，使用命令「./vmware-install.pl」安裝 VMware Tools，如圖 3-2-22 所示。

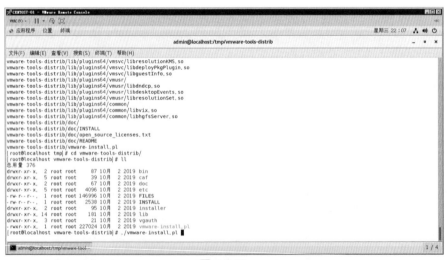

圖 3-2-22

第 7 步，完成 VMware Tools 的安裝，如圖 3-2-23 所示。

第 8 步，重新查看 CentOS7-01 虛擬機器 VMware Tools 資訊，發現已安裝官方 VMware Tools，如圖 3-2-24 所示。

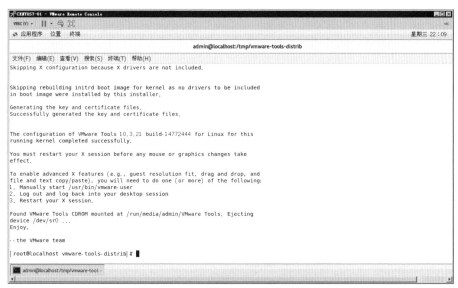

圖 3-2-23

圖 3-2-24

至此，Linux 虛擬機器安裝官方 VMware Tools 完成。與 Windows 版本安裝不同的是，Linux 版本使用命令列操作。Linux 虛擬機器除了安裝官方發佈的 VMware Tools 外，也支援安裝 open-vm-tools。

第 9 步，虛擬機器 CentOS7-HA02 安裝 CentOS 7 作業系統，採用精簡安裝，系統沒有自動安裝 open-vm-tools，如圖 3-2-25 所示。

圖 3-2-25

第 10 步，使用命令「yum install open-vm-tools」安裝 open-vm-tools，安裝大小約 4.2MB，如圖 3-2-26 所示，輸入「y」後按確認鍵。

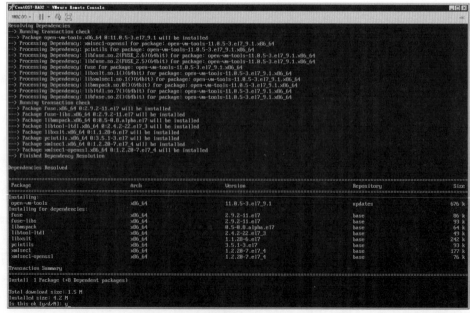

圖 3-2-26

第 11 步，安裝 open-vm-tools 完成，如圖 3-2-27 所示，需要重新開機作業系統後 open- vm-tools 才能生效。

圖 3-2-27

第 12 步，重新啟動虛擬機器後查看 open-vm-tools 安裝情況，open-vm-tools 處於正在執行狀態，如圖 3-2-28 所示。

圖 3-2-28

至此，虛擬機器的建立及安裝 VMware Tools 完成，其安裝過程與物理裝置大致相同。需要注意的是，虛擬機器後續運行維護不能採用傳統物理裝置的想法，如修改登錄檔，在虛擬化環境中可能會導致虛擬機器崩潰。

## ▶ 3.3　管理虛擬機器

虛擬機器是虛擬化架構的基礎，如何有效地對虛擬機器進行管理是運行維護人員需要掌握的技能。本節將介紹如何使用虛擬機器範本、複製虛擬機器和內容庫等對虛擬機器進行管理。

### 3.3.1　使用虛擬機器範本

Virtual Machine Template，中文稱為虛擬機器範本。使用虛擬機器範本可以在企業環境中大量快速部署虛擬機器，並且不容易出現錯誤。範本是虛擬機器的備份，可用於建立和轉換新的虛擬機器。範本通常是包含一個客戶作業系統、一組應用和一個特定虛擬機器設定的映射。本節將介紹如何建立虛擬機器範本。

建立虛擬機器範本有多種方式，可以透過複製及轉換的方式實現。複製是將現有虛擬機器進行複製，來源虛擬機器保留，複製出來的虛擬機器與來源虛擬機器完全相同；轉換是將現有虛擬機器轉為範本，來源虛擬機器可以保留也可以不保留。

第 1 步，選中需要製作範本的虛擬機器並用滑鼠按右鍵，在彈出的快顯功能表中選擇「範本」中的「轉換成範本」選項，如圖 3-3-1 所示。

圖 3-3-1

第 2 步，確認將虛擬機器轉為範本，這裡保留來源虛擬機器，如圖 3-3-2 所示，點擊「是」按鈕。

第 3 步，從建立的範本部署虛擬機器，輸入要建立的虛擬機器名稱，如圖 3-3-3 所示，點擊「NEXT」按鈕。

第 4 步，選擇虛擬機器使用的主機，如圖 3-3-4 所示，點擊「NEXT」按鈕。

第 5 步，選擇虛擬機器使用的資料儲存，如圖 3-3-5 所示，點擊「NEXT」按鈕。

圖 3-3-2

WIN2K16-01 - **从模板部署**

| | |
|---|---|
| ✓ 1 选择名称和文件夹 | **选择名称和文件夹** |
| ✓ 2 选择计算资源 | 指定唯一名称和目标位置 |
| ✓ 3 选择存储 | |
| ✓ 4 选择克隆选项 | 虚拟机名称：　WIN2K16-02 |
| 　5 自定义客户机操作系统 | |
| 　6 自定义硬件 | 为该虚拟机选择位置。 |
| 　7 即将完成 | > ⬚ vcsa7-02.bdnetlab.com |
| | ∨ ⬚ vcsa7.bdnetlab.com |
| | 　> ⬚ Datacenter |

CANCEL　　BACK　　NEXT

圖 3-3-3

WIN2K16-01 - **从模板部署**

| | |
|---|---|
| ✓ 1 选择名称和文件夹 | **选择计算资源** |
| ■ 2 选择计算资源 | 为此操作选择目标计算资源 |
| ✓ 3 选择存储 | |
| ✓ 4 选择克隆选项 | ∨ ⬚ Datacenter |
| 　5 自定义客户机操作系统 | 　∨ ⬚ BDlab-vSphere7 |
| 　6 自定义硬件 | 　　⬚ 10.92.10.1 |
| 　7 即将完成 | 　　⬚ 10.92.10.2 |
| | 　　⬚ 10.92.10.3 |
| | 　　⬚ 10.92.10.4 |

CANCEL　　BACK　　NEXT

圖 3-3-4

圖 3-3-5

第 6 步,選擇複製選項。根據實際情況確定是否選取「自訂作業系統」「自訂此虛擬機器的硬體」及「建立後打開虛擬機器電源」核取方塊,如圖 3-3-6 所示,點擊「NEXT」按鈕。

圖 3-3-6

第 7 步,自訂客戶端裝置作業系統。如果有虛擬機器作業系統自訂規範,此處可以進行呼叫,如果無則顯示為空,如圖 3-3-7 所示,點擊「NEXT」按鈕。

WIN2K16-01 - **从模板部署**

✓ 1 选择名称和文件夹
✓ 2 选择计算资源
✓ 3 选择存储
✓ 4 选择克隆选项
5 自定义客户机操作系统
6 自定义硬件
7 即将完成

自定义客户机操作系统
自定义客户机操作系统,防止部署虚拟机时出现冲突

操作系统: Microsoft Windows Server 2016 (64-bit)

替代

| 名称 ↑ | 客户机操作系统 | 上次修改时间 |
|---|---|---|

No items to display

CANCEL　BACK　NEXT

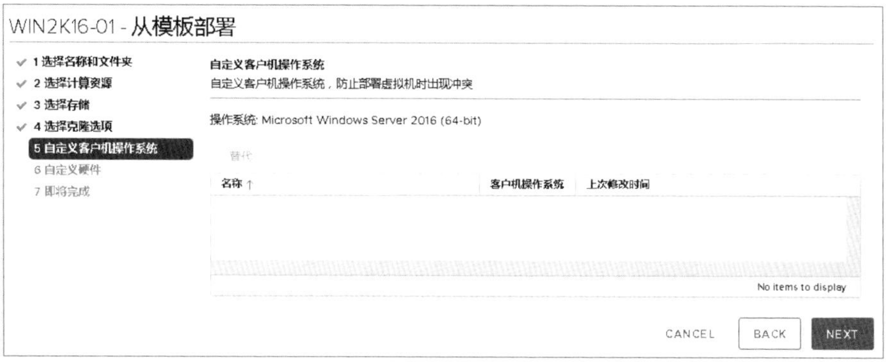

圖 3-3-7

第 8 步,自訂虛擬機器硬體,如圖 3-3-8 所示,點擊「NEXT」按鈕。

圖 3-3-8

第 9 步，確認從範本部署虛擬機器相關參數是否正確，如圖 3-3-9 所示，若正確則點擊「FINISH」按鈕開始部署虛擬機器。

圖 3-3-9

第 10 步，透過範本部署虛擬機器完成，如圖 3-3-10 所示。

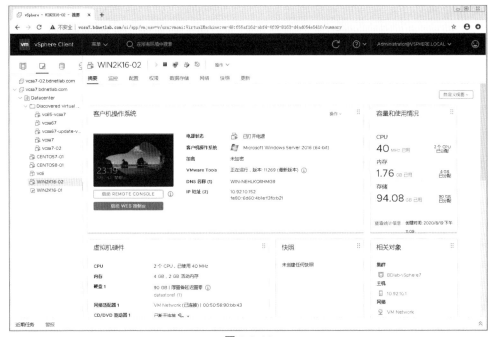

圖 3-3-10

至此，使用 Windows 範本部署虛擬機器完成。在生產環境中，為保證作業系統的穩定性，推薦建立自訂規範，再呼叫自訂規範建立虛擬機器，以確保每台虛擬機器 SID 或 UUID 的唯一性，避免虛擬機器在後續使用過程出現問題。

## 3.3.2　使用複製虛擬機器

複製虛擬機器是透過複製來源虛擬機器的方式建立一台新的虛擬機器，新的虛擬機器是原有虛擬機器的精確備份，在複製過程中，虛擬機器可以是開啟或關閉狀態。如果要複製的虛擬機器處於開啟狀態，則複製虛擬機器時，服務和應用不會自動進入靜默狀態。在決定是使用複製虛擬機器還是使用範本部署虛擬機器時，需要注意以下幾點。

- 虛擬機器範本會佔用儲存空間，因此必須對應地規劃儲存空間。
- 使用範本部署虛擬機器比複製正在運行的虛擬機器更快，特別是在一次部署多個虛擬機器的情況下。

- 當使用範本部署多台虛擬機器時，所有虛擬機器都以相同的基礎映像檔作為起點，從正在運行的虛擬機器複製虛擬機器可能不會建立完全相同的虛擬機器，具體取決於複製虛擬機器時，該虛擬機器中進行的活動。
- 同時部署具有相同客戶端裝置作業系統設定的虛擬機器和複製虛擬機器時可能會發生衝突，使用客戶端裝置作業系統進行自訂即可避免該問題。

**1 · 建立虛擬機器自訂規範**

從 VMware vSphere 7 開始，自訂規範只能自訂網路設定，如 IP 位址、DNS 伺服器及閘道，無須關閉或重新啟動虛擬機器即可更改這些設定。

第 1 步，選擇「虛擬機器自訂規範」選項，如圖 3-3-11 所示，點擊「新建」按鈕建立虛擬機器自訂規範。

圖 3-3-11

第 2 步，選擇自訂規範作業系統類型，目標用戶端作業系統分為 Windows 和 Linux 兩個版本。這裡選擇建立 Window 虛擬機器，選取「生成新的安全身份（SID）」核取方塊，如圖 3-3-12 所示，點擊「NEXT」按鈕建立 Windows 虛擬機器自訂規範。需要注意的是，Windows Server 2012 以後的版本不再支援此規範。

第 3 步，建立 Linux 虛擬機器自訂規範，如圖 3-3-13 所示，點擊「NEXT」按鈕進行相關參數設定。

## 新建虚拟机自定义规范

| | |
|---|---|
| **1 名称和目标操作系统** | **名称和目标操作系统** |
| 2 注册信息 | 指定虚拟机自定义规范的唯一名称并选择目标虚拟机的操作系统。 |
| 3 计算机名称 | |
| 4 Windows 许可证 | **虚拟机自定义规范** |
| 5 管理员密码 | 名称　　　　Windows |
| 6 时区 | |
| 7 要运行一次的命令 | 描述 |
| 8 网络 | |
| 9 工作组或域 | |
| 10 即将完成 | |

vCenter Server　　vcsa7.bdnetlab.com

**客户机操作系统**

目标客户机操作系统　　● Windows　○ Linux

☐ 使用自定义 SysPrep 应答文件
☑ 生成新的安全身份 (SID)

CANCEL　BACK　NEXT

圖 3-3-12

## 新建虚拟机自定义规范

| | |
|---|---|
| ✓ **1 名称和目标操作系统** | **名称和目标操作系统** |
| 2 计算机名称 | 指定虚拟机自定义规范的唯一名称并选择目标虚拟机的操作系统。 |
| 3 时区 | |
| 4 自定义脚本 | **虚拟机自定义规范** |
| 5 网络 | 名称　　　　Linux |
| 6 DNS 设置 | |
| 7 即将完成 | 描述 |

vCenter Server　　vcsa7.bdnetlab.com

**客户机操作系统**

目标客户机操作系统　　○ Windows　● Linux

☐ 使用自定义 SysPrep 应答文件
☑ 生成新的安全身份 (SID)

CANCEL　BACK　NEXT

圖 3-3-13

第 4 步，建立自訂規範完成，如圖 3-3-14 所示。

圖 3-3-14

## 2 · 即時複製操作

即時複製虛擬機器時，來源虛擬機器不會因為複製過程而遺失其狀態。鑑於這種操作的速度和狀態保持特性，可以轉為即時轉換。在即時複製操作期間，來源虛擬機器將「昏迷」片刻（少於 1 秒）。當來源虛擬機器「昏迷」時，系統將為每個虛擬磁碟生成一個新的寫入增量磁碟，同時選取一個檢查點並將其傳輸到目標虛擬機器，目標虛擬機器將使用來源虛擬機器的檢查點啟動，目標虛擬機器完全啟動後，來源虛擬機器也將恢復運行。即時複製的虛擬機器是完全獨立的 vCenter Server 清單物件，可以像管理正常虛擬機器那樣管理即時複製虛擬機器，沒有任何限制。

對大規模應用部署來說，即時複製非常方便，因為它能夠確保記憶體效率，並且可以在單一主機上建立大量虛擬機器。為避免網路衝突，可以在執行即時複製操作期間自訂目標虛擬機器的虛擬硬體。舉例來說，可以自訂目標虛擬機器虛擬網路卡的 MAC 位址或串列和平行埠設定。

第 1 步，即時複製虛擬機器操作與透過範本部署虛擬機器大致相同。選中需要複製的虛擬機器並用滑鼠按右鍵，在彈出的快顯功能表中選擇「複製」中的「複製到虛擬機器」選項，如圖 3-3-15 所示。

圖 3-3-15

第 2 步，輸入複製的虛擬機器名稱，如圖 3-3-16 所示，點擊「NEXT」按鈕。

圖 3-3-16

第 3 步，選擇複製的虛擬機器的目標運算資源，如圖 3-3-17 所示，點擊「NEXT」按鈕。

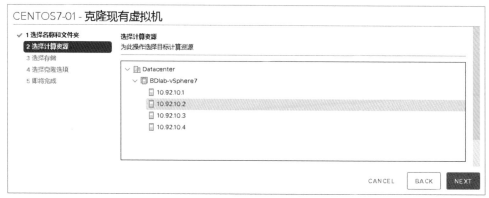

圖 3-3-17

第 4 步，選擇複製的虛擬機器使用的資料儲存，如圖 3-3-18 所示，點擊「NEXT」按鈕。

圖 3-3-18

第 5 步，選擇複製選項。選取「自訂作業系統」及「建立後打開虛擬機器電源」核取方塊，如圖 3-3-19 所示，點擊「NEXT」按鈕。

圖 3-3-19

第 6 步，呼叫新建立的客戶端裝置作業系統自訂規範，如圖 3-3-20 所示，點擊「NEXT」按鈕。

CENTOS7-01 - 克隆现有虚拟机
1 选择名称和文件夹
2 选择计算资源
3 选择存储
4 选择克隆选项
5 自定义客户机操作系统
6 即将完成
自定义客户机操作系统
自定义客户机操作系统，防止部署虚拟机时出现冲突
操作系统: CentOS 7 (64-bit)
替代
名称 ↓
客户机操作系统
上次修改时间
Linux
Linux
2020/08/19 下午11:05:04
1 items
CANCEL
BACK
NEXT

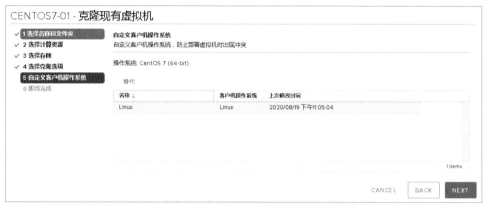

圖 3-3-20

第 7 步，確定複製的虛擬機器參數是否正確，如圖 3-3-21 所示，若正確則點擊「FINISH」按鈕開始複製虛擬機器。

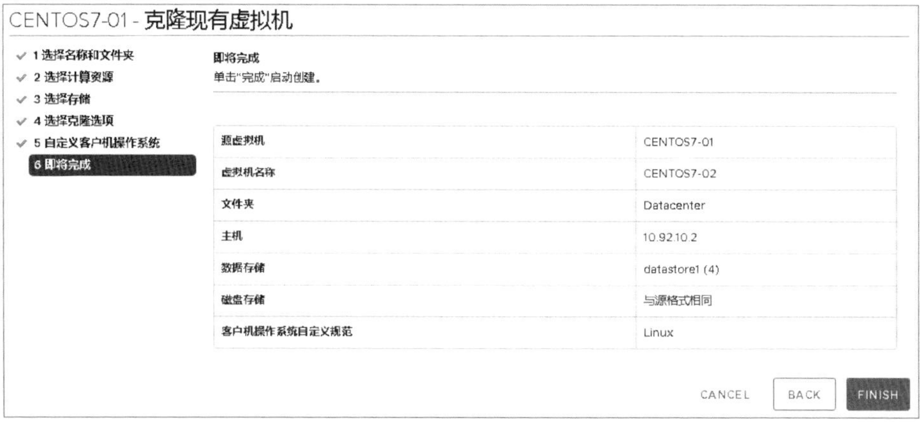

CENTOS7-01 - 克隆现有虚拟机
1 选择名称和文件夹
2 选择计算资源
3 选择存储
4 选择克隆选项
5 自定义客户机操作系统
6 即将完成
即将完成
单击"完成"启动创建。
源虚拟机
CENTOS7-01
虚拟机名称
CENTOS7-02
文件夹
Datacenter
主机
10.92.10.2
数据存储
datastore1 (4)
磁盘存储
与源格式相同
客户机操作系统自定义规范
Linux
CANCEL
BACK
FINISH

圖 3-3-21

第 8 步，虛擬機器複製完成，如圖 3-3-22 所示。

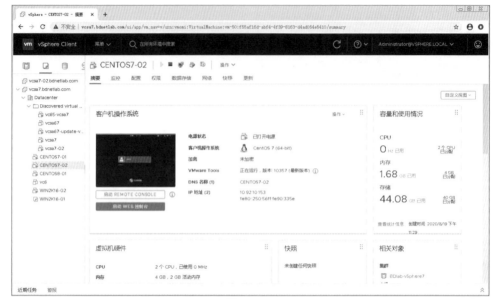

圖 3-3-22

至此，複製虛擬機器操作完成。複製操作可以複製一份與來源虛擬機器完全相同的虛擬機器備份，在一些環境中，運行維護人員把複製虛擬機器當作一種特殊的備份。

## 3.3.3　使用內容庫

內容庫是由 OVF 範本和其他檔案組成的儲存庫，這些範本和檔案可以在不同的 vCenter Server 之間進行共用和同步。借助內容庫，運行維護人員可以將 OVF 範本、ISO 映像檔或任何其他檔案類型儲存在一個中心位置上，可以發佈這些範本、映像檔和檔案，並且其他內容庫可以訂閱和下載這些內容。內容庫透過定期與發行者執行同步來使內容保持為最新狀態，從而確保提供最新的版本。

舉例來說，在 vCenter Server 建立一個中心內容庫，用於儲存 OVF 範本、ISO 映像檔和其他檔案類型的主備份。當發佈此內容庫時，可以訂閱和下載資料的精確備份。當在發佈目錄中增加、修改或刪除某個 OVF 範本時，訂閱者會與發行者進行同步，而其內容庫也將更新為最新內容。從 VMware vSphere 7 開始，可以在使用範本部署虛擬機器的同時更新範本。此外，內容庫還保留了虛

擬機器範本的兩個備份,即上一版本和當前版本,可以回覆範本,還原對範本所做的更改。

**1· 向內容庫中增加虛擬機器範本**

第 1 步,透過 vCenter Server 存取內容庫,內容庫沒有增加內容,所以為空,如圖 3-3-23 所示,點擊「建立」按鈕。

第 2 步,輸入新建內容庫的名稱,本例建立虛擬機器範本,所以名稱自訂為 VM-Template,如圖 3-3-24 所示,點擊「NEXT」按鈕。

圖 3-3-23

圖 3-3-24

第 3 步,設定內容庫是本地內容庫還是已訂閱內容庫,企業內部推薦使用本地內容庫,根據實際情況決定是否在外部發佈,如圖 3-3-25 所示,點擊「NEXT」按鈕。

圖 3-3-25

第 4 步，選擇內容庫使用的資料儲存，如圖 3-3-26 所示，點擊「NEXT」按鈕。

第 5 步，確認內容庫參數設定是否正確，如圖 3-3-27 所示，若正確則點擊「FINISH」按鈕。

圖 3-3-26

圖 3-3-27

第 6 步,建立內容庫完成,如圖 3-3-28 所示。

圖 3-3-28

## 2 · 將虛擬機器作為範本複製到內容庫

第 1 步,選中需要複製的虛擬機器並用滑鼠按右鍵,在彈出的快顯功能表中選擇「複製」中的「作為範本複製到庫」選項,如圖 3-3-29 所示。

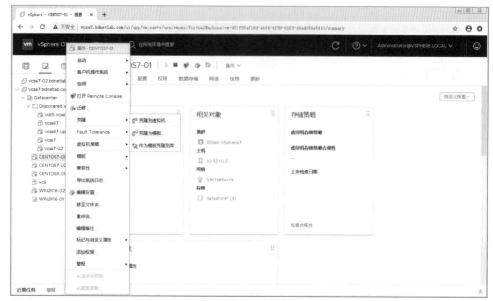

圖 3-3-29

第 2 步，選擇範本類型，如圖 3-3-30 所示，此處選擇「虛擬機器範本」，點擊「NEXT」按鈕。

圖 3-3-30

第 3 步，確認將此虛擬機器作為範本複製到本地庫，如圖 3-3-31 所示，點擊「NEXT」按鈕。

第 4 步，將虛擬機器複製為範本剩餘的步驟與製作虛擬機器範本相同，此處不做演示。完成後在內容庫可以看到新建立的虛擬機器範本，如圖 3-3-32 所示。

3 · 利用內容庫中的虛擬機器範本部署虛擬機器

第 1 步，選擇內容庫中的虛擬機器範本，在「操作」中選擇「從此範本新建虛擬機器」選項，如圖 3-3-33 所示。

圖 3-3-31

圖 3-3-32

圖 3-3-33

第 2 步，從虛擬機器範本部署虛擬機器，此處不再做演示，使用者可以參考前面章節內容完成。完成後可以看到利用內容庫虛擬機器範本建立的虛擬機器，如圖 3-3-34 所示。

圖 3-3-34

## ▶ 3.4 虛擬機器常用操作

生產環境中的虛擬機器建立好後，有時會根據實際需求對虛擬機器進行調整，比較常見的有調整硬體、快照等。本節將介紹生產環境中虛擬機器常用的一些操作。

### 3.4.1 熱抽換虛擬機器硬體

一般情況下，在實體伺服器增加裝置或從中移除 CPU、記憶體等硬體時，需要關閉實體伺服器。對虛擬機器來說，無須關閉虛擬機器即可動態增加資源。虛擬機器允許在開啟狀態時增加 CPU 和記憶體。這些功能特性稱為 CPU 熱增加和記憶體熱抽換，只能在支援可熱抽換功能的客戶端裝置作業系統上使用。預設情況下，這些功能特性處於禁用狀態。要使用熱抽換功能特性，必須滿足以下要求。

* 虛擬機器必須安裝 VMware Tools。
* 虛擬機器硬體版本必須為 11.0 或以上版本。
* 虛擬機器中的客戶端裝置作業系統必須支援 CPU 和記憶體熱抽換功能特性。
* 虛擬機器虛擬硬體標籤 CPU 和記憶體必須已啟用熱抽換功能。

第 1 步，查看虛擬機器硬體。CPU 數量為 2，記憶體為 4GB，預設情況下熱抽換功能未啟用，CPU、記憶體選項呈灰色，無法在開機狀態調整，如圖 3-4-1 所示。

第 2 步，關閉虛擬機器電源，此時 CPU 及記憶體都可以進行調整，選取「啟用 CPU 熱增加」核取方塊並啟用「記憶體熱抽換」，如圖 3-4-2 所示，點擊「確定」按鈕。

第 3 步，打開虛擬機器電源，透過工作管理員可以看到 CPU 及記憶體情況，如圖 3-4-3 所示。

编辑设置 WIN2K16-02
虚拟硬件
虚拟机选项
添加新设备
CPU 2
内存 4 GB
硬盘 1 90 GB
网络适配器 1 VM Network 已连接
CD/DVD 驱动器 1 客户端设备 已连接
USB xHCI 控制器 USB 3.1
显卡 指定自定义设置
NVME 控制器 0
安全设备 未配置
VMCI 设备
SATA 控制器 0 AHCI
其他 其他硬件
取消
确定

圖 3-4-1

编辑设置 WIN2K16
虚拟硬件
虚拟机选项
添加新设备
CPU * 2
每个插槽内核数 2 插槽数: 1
CPU 热插拔 启用 CPU 热添加
预留 0 MHz
限制 不受限制 MHz
份额 正常 2000
硬件虚拟化 向客户机操作系统公开硬件辅助的虚拟化
性能计数器 启用虚拟化 CPU 性能计数器
调度关联性
I/O MMU 已启用
内存 * 4 GB
预留 0 MB
预留所有客户机内存 (全部锁定)
限制 不受限制 MB
份额 正常 40960
内存热插拔 启用
取消
确定

圖 3-4-2

第 4 步，不關機情況下調整虛擬機器硬體，透過圖 3-4-4 可以看到 CPU 及記憶體發生變化。

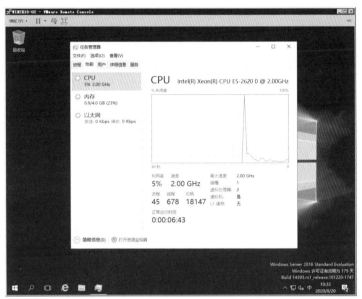

圖 3-4-3

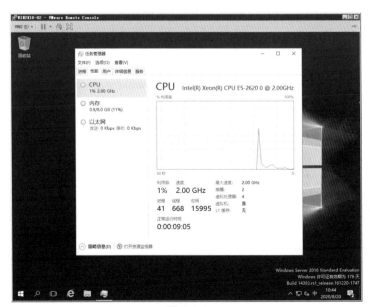

圖 3-4-4

雖然虛擬機器支援硬體熱抽換，但生產環境中建議在關機狀態下進行調整，因作業系統的原因，有時熱抽換硬體會導致虛擬機器當機或暫停。同時，生產環境中使用硬體一定要結合作業系統版本，如果不支援，增加的硬體作業系統無法辨識。

## 3.4.2　調整虛擬機器磁碟

生產環境中隨著虛擬機器的使用可能出現磁碟空間不足的情況，此時可以調整磁碟空間，增加虛擬磁碟空間後，還需要增加該磁碟上檔案系統的空間。借助客戶端裝置作業系統中的對應工具，檔案系統即可使用新分配的磁碟空間。需要注意的是，增加虛擬磁碟空間時，虛擬機器不得附加快照。

第 1 步，查看虛擬機器磁碟情況，目前磁碟空間是 89.98GB，如圖 3-4-5 所示。

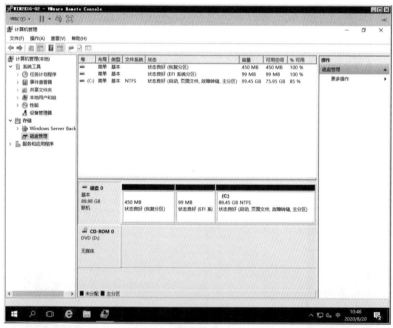

圖 3-4-5

第 2 步，增加 10GB 磁碟空間，作業系統已辨識，但空間處於未分配狀態，如圖 3-4-6 所示。

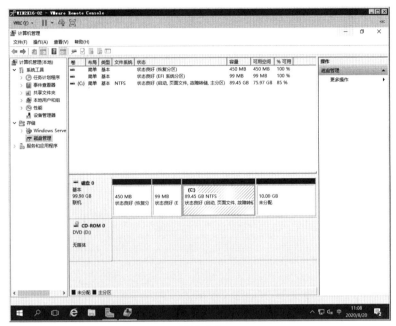

圖 3-4-6

第 3 步，使用擴充卷冊精靈進行擴充，如圖 3-4-7 所示，點擊「下一步」按鈕。

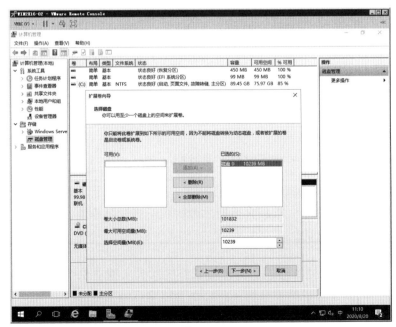

圖 3-4-7

第 4 步，完成磁碟空間的增加，磁碟容量變為 99.98GB，如圖 3-4-8 所示。

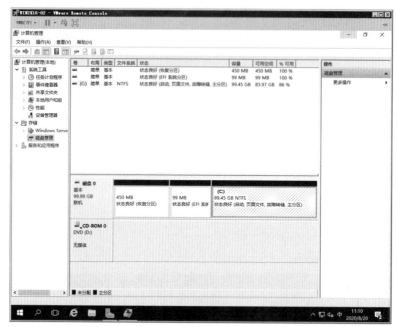

圖 3-4-8

## 3.4.3　使用虛擬機器快照

快照在生產環境中使用非常廣泛，舉例來說，在進行某項操作前不確定該操作是否對虛擬機器有影響，可以製作快照，這樣出現問題時可以回復到操作前的狀態。另外，快照也可以在對虛擬機器的客戶端裝置作業系統進行修補或升級時使用。

快照能捕捉建立快照時的虛擬機器完整狀態，包括以下狀態。

（1）記憶體狀態：虛擬機器記憶體的內容。當虛擬機器已經啟動並且選取「生成虛擬機器記憶體快照」核取方塊時才會捕捉記憶體狀態。

（2）設定狀態：虛擬機器設定。

（3）磁碟狀態：虛擬機器的所有虛擬磁碟的狀態。建立快照時，還可以將客戶端裝置作業系統置於靜默狀態。此操作會將客戶端裝置作業系統的檔案系統

置於靜默狀態，僅當不將記憶體狀態捕捉為快照的一部分時，此選項才可用。一台虛擬機器可以有一個或多個快照。對於每個快照，將建立以下檔案。

- 快照增量檔案：此檔案包含拍攝快照以來虛擬磁碟資料的變化。拍攝虛擬機器快照時，將保留每個虛擬磁碟的狀態。虛擬機器停止寫入其 -flat.vmdk 檔案，而將寫入操作重新導向至 -######delta.vmdk 或 -######-sesparse.vmdk（其中，###### 表示按序排列的下一個數字）。透過將一個或多個虛擬磁碟指定為獨立磁碟，可以從快照中排除它們。將虛擬磁碟設定為獨立磁碟通常是在建立虛擬磁碟時完成的，但每次關閉虛擬機器時都可以更改此設定。

- 磁碟描述符號檔案：-00000#.vmdk。這是一個包含快照相關資訊的小文字檔。

- 設定狀態檔案：-.vmsn。# 代表磁碟依次排列的順序號，從 1 開始。該檔案在拍攝快照時保留虛擬機器的活動記憶體狀態，包括虛擬硬體、電源狀態和硬體版本。

- 記憶體狀態檔案：-.vmem。如果在建立快照期間選取了「生成虛擬機器記憶體快照」核取方塊，則將建立此檔案。它包含拍攝虛擬機器快照時虛擬機器的全部內容。

- 快照活動記憶體檔案：-.vmem。如果在建立快照期間選擇了將記憶體包含在內的選項，此檔案將包含虛擬機器記憶體中的內容。

- 快照列表檔案：.vmsd。是在建立虛擬機器時生成的，它用於保存虛擬機器的快照資訊，以便可以在 vSphere Client 中建立快照列表。這些資訊包括 .vmsn 快照檔案的名稱和虛擬磁碟檔案的名稱。

- 快照狀態檔案的副檔名為：.vmsn。用於儲存拍攝快照時的虛擬機器狀態。在虛擬機器上建立每個快照時都會生成一個新的 .vmsn 檔案，該檔案會在刪除快照時刪除。該檔案的大小會根據快照建立時選擇的選項而有所不同。舉例來說，在快照中包含虛擬機器的記憶體狀態會增加 .vmsn 件的大小。

可從快照中排除一個或多個 .vmdk 檔案，方法是將虛擬機器中的虛擬磁碟指定為獨立磁碟。大部分的情況下，建立虛擬磁碟時就會將虛擬磁碟置於獨立模式。如果建立虛擬磁碟時未啟用獨立模式，則必須關閉虛擬機器以啟用該模式。也可能存在其他檔案，具體取決於虛擬機器硬體版本。

建立虛擬機器快照時會建立增量磁碟或子磁碟，增量磁碟使用不同的稀疏格式，具體取決於資料儲存的類型。

- VMFSsparse：VMFS5 對 小 於 2TB 的 虛 擬 磁 碟 使 用 VMFSsparse 格 式。VMFSsparse 在 VMFS 上實現。VMFSsparse 層會處理髮到快照虛擬機器的 I/O 操作。嚴格來說，VMFSsparse 是一種開始時是空的重做日誌，它在建立虛擬機器快照之後啟動。當在虛擬機器快照後使用新資料重新定義整個 .vmdk 檔案時，重做日誌將擴充為其基礎 .vmdk 檔案的大小。此重做日誌是 VMFS 資料儲存中的檔案。建立快照時，與虛擬機器相連的基礎 VMDK 將更改為新建立的稀疏 VMDK。

- SEsparse：SEsparse 是 VMFS6 資料儲存中所有增量磁碟的預設格式。在 VMFS5 上，SEsparse 用於 2TB 及以上的虛擬磁碟。SEsparse 是一種與 VMFSsparse 類似但具有一些增強功能的格式。此格式空間效率高，並支援空間回收技術。使用空間回收，可以對客戶端裝置作業系統刪除的資料區塊進行標記。系統會向 Hypervisor 中的 SEsparse 層發送命令，取消映射這些資料區塊。當客戶端裝置作業系統刪除這些資料後，取消映射有助回收 SEsparse 分配的空間。

第 1 步，進入「生成快照」介面，可以根據實際情況決定是否選取「生成虛擬機器記憶體快照」或「使用客戶端裝置檔案系統處理靜默狀態（需要安裝有 VMware Tools）」核取方塊，如圖 3-4-9 所示，點擊「確定」按鈕後開始生成快照。

圖 3-4-9

第 2 步，完成虛擬機器快照建立後，在「管理快照」介面可以看到生成的快照，如果有多個快照，會呈階梯狀顯示，如圖 3-4-10 所示。

其中的參數解釋如下。

## （1）編輯

該按鈕用於編輯快照名稱和描述。

## （2）刪除

該按鈕用於從快照管理器中移除快照，並將快照檔案整合到父快照磁碟中。此外，刪除快照時還會將所刪快照資訊的增量磁碟中的全部資料寫入父磁碟中。刪除基礎父快照時，所有更改都將與基礎 .vmdk 檔案合併。

圖 3-4-10

## （3）全部刪除

該按鈕用於將當前狀態圖示「您在此處」之前的所有中間快照提交到虛擬機器，然後移除該虛擬機器的所有快照。

## （4）恢復為

該按鈕還原或恢復到特定快照。還原的快照會變為當前快照。恢復到某個快照時，系統會將所有項目恢復到拍攝該快照時所處的狀態。如果希望在啟動暫

停、開啟或關閉任務後，虛擬機器處於對應狀態，要確保在建立快照時虛擬機器處於正確的狀態。

需要說明的是，在 VMware vSphere 虛擬化環境中，快照不是備份工具，虛擬機器過多的快照可能導致虛擬機器運行速度變慢或無法啟動等。

## 3.4.4　虛擬機器其他選項

VMware vSphere 環境除了可以對虛擬機器硬體進行調整外，還可以根據實際需要對一些選項進行調整。

### 1 · 虛擬機器正常選項

虛擬機器正常選項如圖 3-4-11 所示。在正常選項中，可以查看虛擬機器設定檔的位置和名稱，以及虛擬機器目錄的位置。但是，只能修改虛擬機器名稱和客戶端裝置作業系統類型。更改虛擬機器名稱時，並不會更改所有虛擬機器檔案或虛擬機器儲存目錄的名稱。虛擬機器建立後，與該虛擬機器相關的檔案名稱和目錄名稱取決於虛擬機器名稱。

### 2 · VMware Tools 選項

VMware Tools 選項如圖 3-4-12 所示。使用 VMware Tools 控制項自訂虛擬機器上的電源按鈕時，虛擬機器必須處於關閉狀態。可透過選取「每次打開電源前檢查並升級 VMware Tools」核取方塊，檢查是否有較新版本，如果有新版本，VMware Tools 將在虛擬機器重新啟動後升級。選取「定期同步時間」核取方塊，客戶端裝置作業系統時鐘將與主機同步。

圖 3-4-11

圖 3-4-12

### 3·啟動選項

啟動選項如圖 3-4-13 所示。建立虛擬機器並選擇客戶端裝置作業系統時，系統將自動選擇「BIOS」或「EFI」，具體取決於作業系統支援的韌體。如果作業系統支援 BIOS 和 EFI，則可根據需要更改啟動選項。必須在安裝客戶端裝置作業系統之前更改該選項。

圖 3-4-13

UEFI 安全啟動是一項安全標準，有助確保啟動時僅使用製造商信任的軟體。在支援 UEFI 安全啟動的作業系統中，每個啟動軟體（包括開機載入程式、作業系統核心和作業系統驅動程式）都要簽名。如果為虛擬機器啟用「安全啟動」，則只能將簽名的驅動程式載入到該虛擬機器中。

透過「啟動延遲」選項可以設定虛擬機器開啟到客戶端裝置作業系統開始啟動之間的時間延遲。延遲啟動可幫助在多台虛擬機器處於開啟狀態時交錯啟動虛擬機器。

如果需要強制虛擬機器從 CD/DVD 啟動，可以選取「強制執行 EFI 設定」右側的「下次啟動期間強制進入 EFI 設定螢幕」核取方塊，下一次啟動虛擬機器時，將直接進入 BIOS。

## 3.4.5 重新註冊虛擬機器

虛擬機器在使用過程中，有可能需要重新註冊，這種情況可以先從清單將虛擬機器移除，其檔案還是保留在原儲存位置，然後透過瀏覽器儲存重新註冊該虛擬機器。

第 1 步，將虛擬機器從清單中移除，如圖 3-4-14 所示。

第 2 步，確認移除，如圖 3-4-15 所示，點擊「是」按鈕。

第 3 步，透過瀏覽儲存找到虛擬機器所在資料夾，選擇「CENTOS8-01.vmx」檔案，如圖 3-4-16 所示，點擊「註冊虛擬機器」。

圖 3-4-14

圖 3-4-15

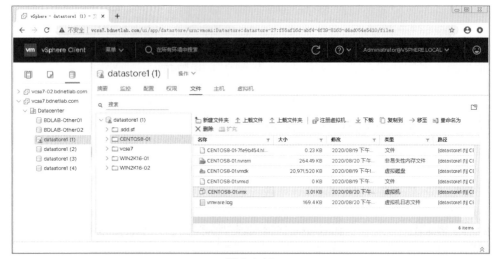

圖 3-4-16

第 4 步，進入註冊虛擬機器精靈介面，輸入虛擬機器名稱及運算資源即可完成重新註冊，如圖 3-4-17 所示，點擊「NEXT」按鈕。

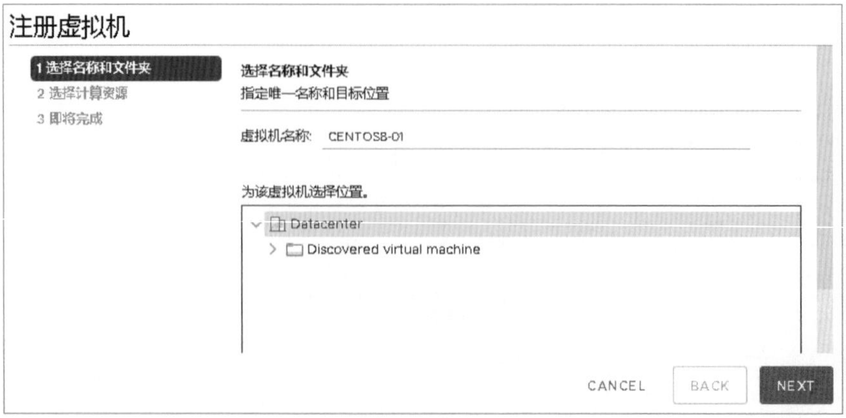

圖 3-4-17

第 5 步，完成虛擬機器的重新註冊，虛擬機器電源處於關閉狀態，如圖 3-4-18 所示。

圖 3-4-18

第 6 步，打開虛擬機器電源，虛擬機器正常運行，説明重新註冊成功，如圖 3-4-19 所示。

圖 3-4-19

本節介紹了生產環境中虛擬機器的常見操作，當然日常操作還有很多，在此就不一一介紹了。

## ▶ 3.5 本章小結

本章介紹了如何建立和使用虛擬機器，以及虛擬機器常用操作。對生產環境中的虛擬機器來說，還有其他需要注意的地方。

（1）無論是 Windows 還是 Linux 虛擬機器，在製作範本前，建議安裝好 VMware Tools 工具。

（2）對於 Windows 虛擬機器範本，建議安裝好對應的更新。

（3）對於 Linux 虛擬機器範本，建議使用最小安裝，根據生產環境的實際情況安裝其他元件套件。

（4）針對不同的作業系統建立不同的自訂規範，在部署過程中進行呼叫，避免 SID 以及 UUID 相同，確保在生產環境中具有唯一性。

（5）對於硬體的調整，無論 Windows 還是 Linux 虛擬機器都支援熱抽換，使用前需要選取對應的啟用核取方塊。

（6）對於生產環境，不建議在虛擬機器存取量高的時候進行熱抽換硬體調整，因為調整過程多少會存在一些卡頓，特別是 Windows 虛擬機器，可能會出現當機，因此建議在存取量較小的時候進行調整。

（7）生產環境快照的使用很多，一定要注意不能將快照作為備份工具，以及虛擬機器不能有過多的快照。作者在項目中遇到不少由於過多快照導致虛擬機器運行緩慢或虛擬機器崩潰的情況，使用整合功能也無法操作。

（8）生產環境對虛擬機器的調整要轉變想法，不能用實體伺服器思維來調整，特別某些喜歡修改登錄檔的運行維護人員，在虛擬機器下直接修改登錄檔調整某些參數可能會導致虛擬機器無法啟動或啟動當機等情況發生。

## ▶ 3.6 本章習題

1． 虛擬機器由什麼組成？

2． 虛擬機器硬體是否必須和作業系統進行匹配？

3． 虛擬機器硬體是否可以隨意調整？

4． 建立虛擬機器過程中選擇的是 Windows 作業系統，是否可以安裝 Linux 作業系統？

5． 虛擬機器安裝作業系統後，是否可以參考物理機方式進行最佳化？

6． 虛擬機器不安裝 VMware Tools 工具會有什麼樣的後果？

7． 透過範本建立的虛擬機器網路無法使用，可能是什麼原因？

8． 透過範本建立的虛擬機器提示 SSID 衝突，應該如何處理？

9． 快照及複製能否作為虛擬機器的日常備份工具？

10． 熱抽換硬體是否對虛擬機器運行造成影響？

# 第 4 章
# 設定和管理虛擬網路

網路在 VMware vSphere 環境中相當重要，無論是管理 ESXi 主機還是 ESXi 主機上運行的虛擬機器對外提供服務都依賴於網路。VMware vSphere 提供了強大的網路功能，其基本的網路設定就是標準交換機和分散式交換機。本章將介紹如何設定和使用標準交換機、分散式交換機及 NSX-T 網路。

【本章要點】
* VMware vSphere 網路介紹
* 設定和使用標準交換機
* 設定和使用分散式交換機
* 設定和使用 NSX-T 網路

## ▶ 4.1 VMware vSphere 網路介紹

VMware vSphere 網路是管理 ESXi 主機及虛擬機器進行外部通訊的關鍵，如果設定不當可能會出現問題，嚴重影響網路的性能，甚至導致服務全部停止。

### 4.1.1 虛擬網路通訊原理

ESXi 主機透過模擬出一個虛擬交換機（Virtual Switch）實現虛擬機器對外通訊，其功能相當於一台傳統的二層交換機。圖 4-1-1 所示是 ESXi 主機的通訊原理示意圖。

安裝完 ESXi 主機後，會預設建立一個虛擬交換機，物理網路卡作為虛擬標準交換機的上行鏈路介面與物理交換機連接對外提供服務。在圖 4-1-1 中，左邊有 4 台虛擬機器，每台虛擬機器設定 1 個虛擬網路卡，這些虛擬網路卡連接

到虛擬交換機的通訊埠,然後透過上行鏈路介面連接到物理交換機,虛擬機器即可對外提供服務。如果上行鏈路介面沒有對應的物理網路卡,那麼這些虛擬機器就形成一個網路孤島,無法對外提供服務。

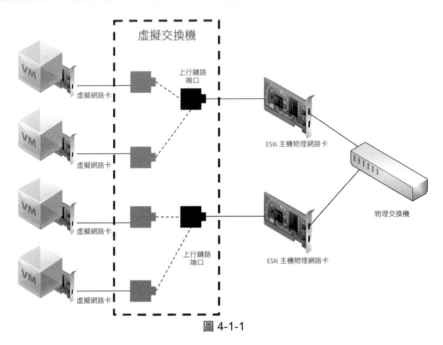

圖 4-1-1

## 4.1.2 虛擬網路元件

了解了 ESXi 主機通訊原理後,接下來對 ESXi 主機所涉及的網路元件進行簡要的介紹。

**1 · Standard Switch**

Standard Switch,中文稱為標準交換機,簡稱 vSS。它是由 ESXi 主機虛擬出來的交換機,在安裝完 ESXi 後,系統會自動建立一個標準交換機 vSwitch0,這個虛擬交換機的主要功能是提供管理、虛擬機器與外界通訊等功能。在生產環境中,一般會根據應用需要,建立多個標準交換機對各種流量進行分離,並提供容錯及負載平衡。除了預設的 vSwitch0 外,還建立 vSwitch1 用於 iSCSI,以及 vSwitch2 用於 vMotion。在生產環境中,應該根據實際情況建立多個標準交換機。

## 2・Distributed Switch

Distributed Switch，中文稱為分散式交換機，簡稱 vDS。vDS 是橫跨多台 ESXi 主機的虛擬交換機。如果使用 vSS，需要在每台 ESXi 主機進行網路設定。如果 ESXi 主機數量較少，其比較適用。如果 ESXi 主機數量較多，vSS 就不適用了，會極大增加管理人員的工作量。

## 3・vSwitch Port

vSwitch Port，中文稱為虛擬交換機通訊埠。在 ESXi 主機上建立的 vSwitch 相當於一個傳統的二層交換機，既然是交換機，那麼就存在通訊埠，預設情況下，一個 vSwitch 的通訊埠為 120 個。

## 4・Port Group

Port Group，中文稱為通訊埠組。在一個 vSwitch 中，可以建立一個或多個 Port Group，並且針對不同的 Port Group 進行 VLAN 及流量控制等方面的設定，然後將虛擬機器劃入不同的 Port Group，這樣可以提供不同優先順序的網路使用率。在生產環境中可以建立多個通訊埠組用以滿足不同的應用。

## 5・Virtual Machine Port Group

Virtual Machine Port Group，中文稱為虛擬機器通訊埠組。在 ESXi 系統安裝完成後系統自動建立的 vSwitch0 上預設建立一個虛擬機器通訊埠組，供虛擬機器與外部通訊使用。在生產環境中，建議將管理網路與虛擬機器通訊埠組進行分離。

## 6・VMkernel Port

VMkernel Port 在 ESXi 主機網路中是一個特殊的通訊埠，VMware 對其的定義為運行特殊流量的通訊埠，如管理流量、iSCSI 流量、NFS 流量、vMotion 流量等。與虛擬機器通訊埠組不同的是，VMkernel Port 必須設定 IP 位址。

## 4.1.3 虛擬網路 VLAN

在生產環境中，VLAN 的使用相當普遍。ESXi 主機的標準交換機和分散式交換機都支援 802.1Q 標準，當然與傳統的支援方式也有一定差異。其比較常用的實現方式有以下兩種。

## 1 · External Switch Tagging

External Switch Tagging，簡稱 EST 模式。這種模式將 ESXi 主機物理網路卡對應的物理交換機通訊埠劃入 VLAN，ESXi 主機不需額外設定。圖 4-1-2 所示為 EST 模式下 VLAN 的實現方式。這種模式下只需將通訊埠劃入 VLAN，該通訊埠就會傳遞對應的 VLAN 資訊。

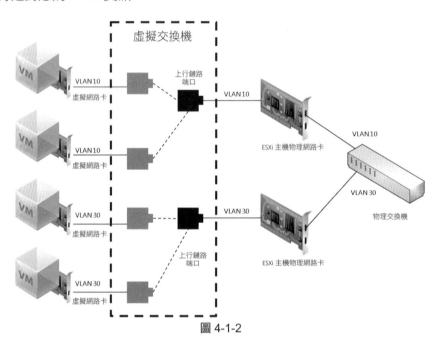

圖 4-1-2

## 2 · Virtual Switch Tagging

Virtual Switch Tagging，簡稱 VST 模式。這種模式要求 ESXi 主機物理網路卡對應的物理交換機通訊埠設定為 Trunk 模式，同時 ESXi 主機需要啟用 Trunk 模式，以便通訊埠組接受對應的 VLAN Tag 資訊。圖 4-1-3 所示為 VST 模式下 VLAN 的實現方式。這種模式下先要設定物理交換機通訊埠模式為 Trunk，然後在 ESXi 主機網路對應的通訊埠組下設定對應的 VLAN 資訊。

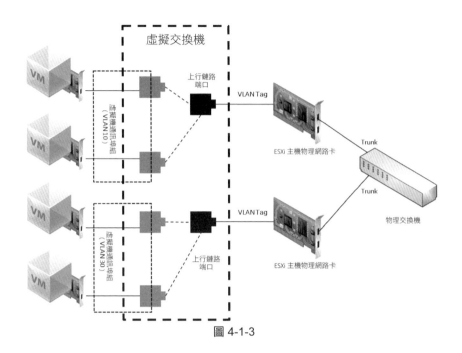

圖 4-1-3

## 4.1.4 虛擬網路 NIC Teaming

如果 ESXi 主機的虛擬交換機只使用一個物理網路卡,那麼就存在單點故障隱憂,當這個物理網路卡發生故障則整個網路將中斷,ESXi 主機服務全部停止。所以,對虛擬交換機來說,負載平衡是必須要考慮的事情。當一個虛擬交換機有多個物理網路卡的時候,就可以形成負載平衡。多物理網路卡情況下負載平衡是如何實現的呢?主要有以下幾種方式。

**1・Originating Virtual Port ID**

Originating Virtual Port ID,基於來源虛擬通訊埠的負載平衡。這是 ESXi 主機網路預設的負載平衡方式。採用這種方式,系統會將虛擬機器網路卡與虛擬交換機所屬的物理網路卡進行對應和綁定,綁定後虛擬機器流量始終走虛擬交換機分配的物理網路卡,而不管這個物理網路卡流量是否超載,除非分配的這個物理網路卡發生故障後才會嘗試走另外活動的物理網路卡。也就是說,基於來源虛擬通訊埠的負載平衡不屬於動態的負載平衡方式,但可以實現容錯備份功能。

圖 4-1-4 所示為基於來源虛擬通訊埠負載平衡示意圖。在這種模式下，虛擬機器透過演算法與 ESXi 主機物理網路卡進行綁定，虛擬機器 01 和虛擬機器 02 與 ESXi 主機物理網路卡 vmnic0 進行綁定，虛擬機器 03 和虛擬機器 04 與 ESXi 主機物理網路卡 vmnic1 進行綁定，無論網路流量是否超載，虛擬機器只會透過綁定的網路卡對外進行通訊。當虛擬機器 03 和虛擬機器 04 綁定的 ESXi 主機物理網路卡 vmnic1 出現故障時，虛擬機器才會使用 ESXi 主機物理網路卡 vmnic0 對外進行通訊，如圖 4-1-5 所示。

## 2・Source MAC Hash

Source MAC Hash，基於來源 MAC 位址雜湊演算法的負載平衡。這種方式與基於來源虛擬通訊埠的負載平衡方式相似，如果虛擬機器只使用一個物理網路卡，那麼它的來源 MAC 位址不會發生任何變化，系統分配物理網路卡及綁定後，無論網路流量是否超載，虛擬機器流量始終「走」虛擬交換機分配的物理網路卡，除非分配的這個物理網路卡故障，才會嘗試走另外活動的物理網路卡。基於來源 MAC 位址雜湊演算法的負載平衡還有另外一種實現方式，就是虛擬機器使用多個虛擬網路卡，以便生成多個 MAC 位址，這樣虛擬機器就能綁定多個物理網路卡以實現負載平衡。

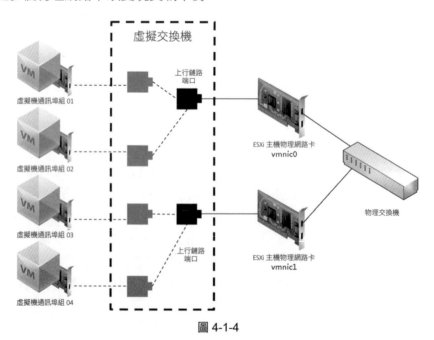

圖 4-1-4

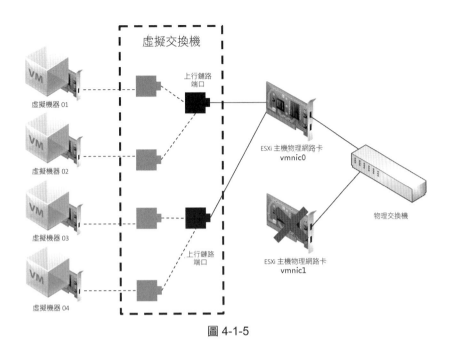

圖 4-1-5

圖 4-1-6 所示為基於來源 MAC 位址的負載平衡示意圖。虛擬機器如果只有一個 MAC 位址,則與基於來源虛擬通訊埠的負載平衡相同,虛擬機器 01 和虛擬

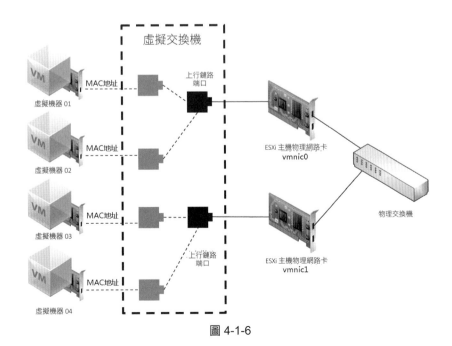

圖 4-1-6

機器 02 與 ESXi 主機物理網路卡 vmnic0 進行綁定，虛擬機器 03 和虛擬機器 04
與 ESXi 主機物理網路卡 vmnic1 進行綁定，那麼無論網路流量是否超載，虛擬
機器只會透過綁定的網路卡對外進行通訊。只有當虛擬機器 03 和虛擬機器 04
綁定的 ESXi 主機物理網路卡 vmnic1 出現故障時，虛擬機器才會使用 ESXi 主機
物理網路卡 vmnic0 對外進行通訊，如圖 4-1-7 所示。

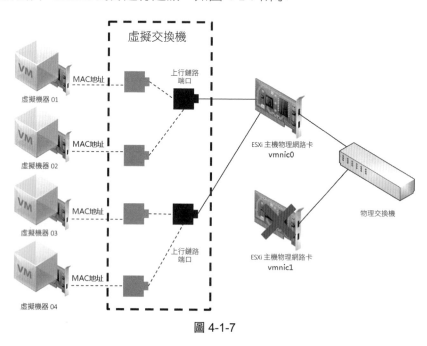

圖 4-1-7

基於來源 MAC 位址的負載平衡還會有另外一種方式，就是虛擬機器多 MAC 位
址模式。也就是說，虛擬機器有多個虛擬網路卡，圖 4-1-8 中的虛擬機器 02
和虛擬機器 03 有兩個網路卡，表示虛擬機器有 2 個 MAC 位址。在這樣的模式
下，透過基於來源 MAC 位址雜湊演算法的負載平衡，虛擬機器可能使用不同
的 ESXi 主機物理網路卡對外通訊。

### 3・IP Base Hash

IP Base Hash，基於 IP 雜湊演算法的負載平衡。這種方式與前兩種負載平衡方
式是完全不一樣的，IP 雜湊演算法是基於來源 IP 位址和目標 IP 位址計算出一
個雜湊值，來源 IP 位址和不同目標 IP 位址計算的雜湊值不一樣，當虛擬機器
與不同目標 IP 位址通訊時使用不同的雜湊值，這個雜湊值就會「走」不同的

物理網路卡，這樣就可以實現動態的負載平衡。在 ESXi 主機網路上使用基於 IP 雜湊演算法的負載平衡，還必須滿足一個前提，就是物理交換機必須支援鏈路聚合控制協定（Link Aggregation Control Protocol，LACP）以及思科私有的通訊埠聚合協定（Port Aggregation Protocol，PAP），同時要求通訊埠必須處於同一物理交換機（如果使用思科 Nexus 交換機的 Virtual Port Channel 功能，則不需要通訊埠處於同一物理交換機）。

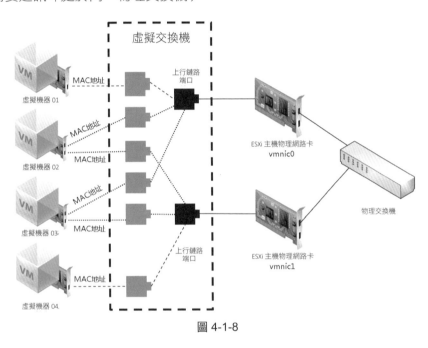

圖 4-1-8

圖 4-1-9 所示為基於 IP 雜湊演算法的負載平衡示意圖。由於虛擬機器來源 IP 位址和不同目標

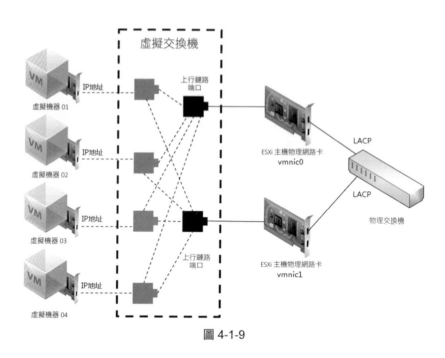

圖 4-1-9

IP 位址計算的雜湊值不一樣，所以虛擬機器就不存在綁定某個 ESXi 主機物理網路卡的情況，虛擬機器 01 ～ 04 可以根據不同的雜湊值，選擇不同 ESXi 主機物理網路卡對外進行通訊。需要特別注意的是，如果交換機不設定使用鏈路聚合協定，那麼基於 IP 雜湊演算法的負載平衡模式無效。

## 4.1.5　網路虛擬化 NSX

NSX Data Center 是 VMware 網路虛擬化的解決方案。借助網路虛擬化，可在軟體中重現第 2 至 7 層的全套網路連接服務（如交換、路由、存取控制、防火牆、服務品質）。NSX 是一個支援虛擬雲端網路的網路虛擬化和安全性平台，能夠以軟體定義的方式實現跨資料中心、雲端環境和應用框架進行延展的網路。借助 NSX Data Center，可以使網路和安全性更接近應用，而無關應用在何處（包括虛擬機器、容器和裸機）運行。與虛擬機器的運行維護模式類似，可獨立於底層硬體對網路進行轉換和管理。

NSX Data Center 透過軟體方式重現整個網路模型，從而實現在幾秒內建立和轉換從簡單網路到複雜多層網路的任何網路拓撲。使用者可以建立多個具有不

同要求的虛擬網路,利用由 NSX 或泛第三方整合生態系統(從新一代防火牆
到高性能管了解決方案)提供的服務組合建構本質上更敏捷、更安全的環境。
可以將這些服務延展至同一雲端環境或跨多個雲端環境的端點。圖 4-1-10 所
示為 VMware NSX Data Center 網路虛擬化和安全性平台示意圖。

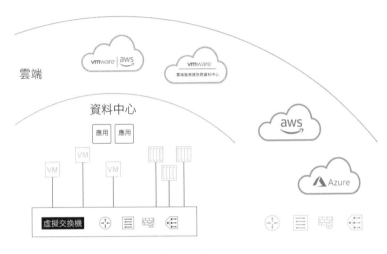

圖 4-1-10

軟體形式的網路 VMware NSX Data Center 提供了一種透過軟體定義的全新網路
運行維護模式,組成了軟體定義資料中心的基礎並延展至虛擬雲端網路。資料
中心操作員現在可獲得的敏捷性、安全性和經濟性,在以前資料中心網路僅
與物理硬體元件緊密連結時,是無法實現的。NSX Data Center 提供了一組完整
的邏輯網路和安全功能及服務,其中包括邏輯交換、路由、防火牆保護、負
載平衡、虛擬私人網絡、服務品質和監控。人們可以透過利用 NSX Data Center
API 的任何雲端運算管理平台在虛擬網路中對這些服務進行轉換。虛擬網路可
以無中斷地部署到任何現有網路硬體上,並可跨資料中心、公有雲和私有雲、
容器平台和裸機伺服器進行延展。

VMware NSX 早期發佈有 NSX-V 及 NSX-T 兩個版本,NSX-V 用於 VMware vSphere
環境;NSX-T 用於非 VMware vSphere 環境,如 KVM、Hyper-V 等。從 VMware
vSphere 7.0 開始,僅發佈 NSX-T 版本,同時提供 NSX-V 遷移到 NSX-T 的方式,
作者完稿時 NSX-T 最新版本為 3.0。NSX-T 主要的功能特性如表 4-1-1 所示。

▼ 表 4-1-1　NSX-T 主要的功能特性

| 功能 | 特性 |
|---|---|
| 交換 | 支援邏輯第 2 層疊加網路在資料中心內部及跨資料中心邊界在路由（第 3 層）結構中進行延展。支援基於 VXLAN 和 GENEVE 的網路疊加 |
| 路由 | 在 Hypervisor 核心中，採用分散式方式在虛擬網路之間執行動態路由，借助物理路由器的主備同時上線容錯移轉功能水平擴充路由。支援靜態路由和動態路由式通訊協定（包括 IPv6） |
| 網關防火牆 | 最高可運用到第 7 層的有狀態防火牆保護（包括應用辨識和 URL 白名單），嵌入在 NSX 閘道中，跨整個環境分佈且採用集中式策略和管理 |
| 分散式防火牆 | 最高可運用到第 7 層的有狀態防火牆保護（包括應用辨識和 URL 白名單），嵌入在 Hypervisor 核心中，跨整個環境分佈且採用集中式策略和管理。此外，NSX 分散式防火牆直接整合到雲端原生平台（如 Kubernetes 和 Pivotal Cloud Foundry）、原生公有雲（如 AWS 和 Azure）及裸機伺服器中 |
| 負載平衡 | L4、L7 負載平衡器，具備 SSL 負載分流和直通、伺服器運行狀況檢查功能和被動運行狀況檢查功能，以及關於可程式化性及透過 GUI 或 API 限制流量的應用規則 |
| VPN | 網站間和遠端存取 VP 功能，透過非代管 VPN 提供雲端運算閘道服務 |
| NSX 閘道 | 支援將在物理網路和 NSX 疊加網路上設定的 VLAN 橋接起來，以便在虛擬工作負載和物理工作負載之間建立無縫連接 |
| NSX Intelligence | 提供自動化安全性原則建議，以及針對每個網路流量的持續監控和視覺化功能，以便提高可見性，實現極易審核的安全狀況。作為與 NSX-T Data Center 相同的 UI 的一部分，NSX Intelligence 為網路團隊和安全性團隊均提供了單一視窗 |
| NSX Data Center API | 基於 JSON 的 RESTful API，用於實現與雲端運算管理平台、DevOps 自動化工具和自訂自動化功能的整合 |
| 運行維護 | 中央 CLI、追蹤流、疊加邏輯 SPAN 和 IPFIX 等原生運行維護功能，可以主動監控虛擬網路基礎架構並進行故障排除。與 VMware vRealize Network Insight 等工具整合，可執行進階分析和故障排除 |
| 環境感知微分段 | 可以基於屬性（不只是 IP 位址、通訊埠和協定）動態建立並自動更新安全性群組和策略，將虛擬機器名稱和標記、作業系統類型，以及第 7 層應用資訊等元素包括在內，以啟用自我調整微分段策略。以來自 Active Directory 和其他來源的身份資訊為基礎的策略，可在遠端桌面服務和虛擬桌面基礎架構環境中，實現單一使用者階段等級的使用者級安全性 |
| 自動化和雲端運算管理 | 與 vRealize Automation/VMware Cloud Automation Services、OpenStack 等原生整合。完全受支援的 Ansible 模組和 Terraform 模組、與 PowerShell 整合 |

| 功能 | 特性 |
|------|------|
| 第三方合作夥伴整合 | 支援在大量不同領域（舉例來説，新一代防火牆、入侵偵測系統、入侵防禦系統、無代理防病毒、交換、運行維護和可見性、進階安全性等）與第三方合作夥伴進行管理平面、控制平面和資料平面的整合 |
| 多雲端網路和安全性 | 無論底層物理拓撲或雲端運算平台是怎樣的，均可跨資料中心網站以及私有雲和公有雲邊界實現一致的網路和安全性 |
| 容器網路和安全性 | 支援以 Kubernetes 和 Cloud Foundry 為基礎而建構並在虛擬機器或裸機主機運行的平台上，對容器執行負載平衡、微分段（分散式防火牆保護）、路由和交換。提供對容器網路流量（邏輯通訊埠、SPAN/Mi、IPFIX 和追蹤流）的可見性 |

NSX-T 的工作方式是實施 3 個單獨的一體式平面：管理平面、控制平面和資料平面。如圖 4-1-11 所示，這 3 個平面作為一組處理程序、模組和代理來實施，位於 3 類節點上，即管理器、控制器和傳輸節點上。

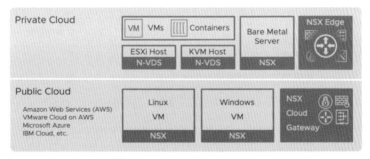

圖 4-1-11

- 每個節點託管一個管理平面代理。
- NSX Manager 叢集託管 API 服務。每個 NSX-T 安裝實例均支援一個由 3 個 NSX Manager 節點組成的叢集組。
- 傳輸節點託管本地控制平面守護程式和轉發引擎。

### 1 · 資料平面

資料平面根據控制平面填充的表執行無狀態資料封包轉發／轉換，向控制平面報告拓撲資訊，並維護資料封包等級統計資訊。

資料平面是物理拓撲和元件狀態的可信來源，如 VIF 位置、安全加密鏈路狀態等。如果要將資料封包從一個位置移動到另一個位置，則需要位於資料平面。資料平面還維護多個鏈路／安全加密鏈路的狀態並處理它們之間的容錯移轉。每個資料封包的性能是非常重要的，並具有非常嚴格的延遲或抖動要求。資料平面並不一定完全包含在核心、驅動程式、使用者空間甚至特定使用者空間流程中。

資料平面限制為基於控制平面填充的表／規則進行完全無狀態轉發。資料平面可能還具有可維護 TCP 終止等功能特性部分狀態的元件。這與控制平面受管理狀態（如安全加密鏈路映射）不同，因為控制平面管理的狀態與如何轉發資料封包有關，而資料平面管理的狀態僅限於如何處理負載資料。

### 2 · 管理平面

管理平面提供一個系統 API 進入點，維護使用者設定，處理使用者查詢，並在系統中的所有管理平面節點、控制平面節點和資料平面節點上執行運行維護任務。

管理平面負責執行與查詢、修改或保留使用者設定有關的功能，而控制平面則負責將該設定向下傳播到資料平面元素的正確子集。因此，資料可能會屬於多個平面，具體取決於資料所在的階段。管理平面還負責從控制平面中查詢最近的狀態和統計資訊，有時直接從資料平面中進行查詢。

管理平面是已設定的（邏輯）系統的唯一可信來源，由使用者透過設定進行管理。可以使用 REST API 或 NSX-T 使用者介面進行更改。

NSX 還包含管理平面代理（Management Plane Agent，MPA），該代理可在所有叢集和傳輸節點上運行。MPA 通常獨立於控制平面和資料平面運行，並且，如有必要可單獨重新啟動；但在某些場景中，它們在同一主機上運行，因此具有相同的狀態。MPA 支援本地存取和遠端存取。MPA 在傳輸節點、控制節點及管理節點上運行，用於執行節點管理。MPA 也能在傳輸節點上執行與資料

平面有關的任務。在管理平面上執行的任務包括以下幾種。

* 設定持久性（理想邏輯狀態）。
* 輸入驗證。
* 使用者管理：如角色分配。
* 策略管理。
* 後台工作追蹤。

## 3 · NSX Manager

NSX Manager 提供圖形化使用者介面（Graphical User Interface，GUI）和 REST API，用於建立、設定和監控 NSX-T 元件，如控制器、分段和邊緣節點。

NSX Manager 是用於 NSX-T 生態系統的管理平面。NSX Manager 提供聚合的系統視圖，是 NSX-T 的集中式網路管理元件。它提供了一種監控連接到 NSX-T 建立的虛擬網路上的工作負載，並進行故障排除的方法。它還提供了以下幾個方面的設定和編排。

* 邏輯網路連接元件：如邏輯交換機和路由器。
* 網路連接和邊緣閘道服務。
* 安全服務和分散式防火牆：如邊緣閘道服務和安全服務可由 NSX Manager 的內建群元件或整合的第三方供應商提供。

NSX Manager 支援對內建和外部服務進行無縫編排。所有安全服務，無論是內建還是由第三方提供，均透過 NSX-T 管理平面進行部署和設定。管理平面提供單一視窗來查看服務可用性。它還有助實現基於策略的服務鏈、上下文共用和服務間事件處理。將會簡化安全狀況審核，精簡基於身份控制的應用，如 Active Directory 和移動設定檔。

NSX Manager 還提供 REST API 進入點以供自動使用。借助這種靈活的系統架構，可透過任何雲端運算管理平台、安全供應商平台或自動化框架自動執行所有設定和監控工作。

NSX-T 管理平面代理 MPA 是一個 NSX Manager 元件，位於每個節點上。MPA 負責規定系統的理想狀態，以及在傳輸節點與管理平面之間傳送非流量控制（Non-Flow Control，NFC）訊息，如設定、統計資訊、狀態和即時資料。

在 NSX 較早版本中，NSX Manager 功能由獨立裝置提供。從 NSX-T 2.4 開始，NSX Manager 功能整合到 NSX Controller 中，採用完全啟動的叢集設定。這樣不僅減少了需要維護的基礎架構虛擬機器，也在各個 NSX Manager 節點中提供了可擴充性和恢復能力。

## 4 · NSX Controller

NSX Controller 是一種進階分散式狀態管理系統，可控制虛擬網路和疊加傳輸安全加密鏈路。

NSX Controller 作為高度可用的虛擬裝置的叢集，負責整個 NSX-T 系統結構中虛擬網路的編排部署。NSX-T 中央控制平面（Center Control Plane，CCP）在邏輯上與所有資料平面流量分離，這表示控制平面中的任何故障都不會影響現有的資料平面運行維護。流量不會透過控制器傳輸；而控制器負責為其他 NSX Controller 元件提供設定，如邏輯交換機、邏輯路由器和邊緣閘道的設定。資料傳輸的穩定性和可靠性是網路連接的重點。

## 5 · N-VDS 交換機

N-VDS 交換機在 NSX 平台中發揮的作用，能夠像建立虛擬機器一樣靈活、敏捷地建立隔離式 L2 邏輯網路。

虛擬資料中心的雲端部署在多個租戶中擁有各種應用。這些應用和租戶需要相互隔離，以確保安全性和故障隔離，並避免 IP 定址重疊問題。虛擬端點和物理端點都可以連接到這些邏輯分段並建立連接，而不依賴它們在資料中心網路中的物理位置。這一點是透過將網路基礎架構與 NSX-T 網路虛擬化提供的邏輯網路分離（即將底層網路與疊加網路分離）而實現的。

邏輯交換機展示了跨多台主機的第 2 層交換連接，這些主機之間還具有第 3 層 IP 可連線性。如果計畫將邏輯網路限制到一組限定主機，或具有自訂連接要求，則有必要建立其他邏輯交換機。

## 6 · 閘道路由器

NSX-T 閘道路由器提供南北向連接和東西向連接，使租戶可以存取公共網路，並且還能實現在同一租戶內的不同網路之間建立連接。

閘道路由器是傳統網路硬體路由器的已設定分區，通常被稱為虛擬路由和轉發（Virtual Routing and Forwarding，VRF）。它可以複製硬體的功能，從而在單一路由器內建立多個路由域。閘道路由器執行可由物理路由器處理的部分任務，每個閘道路由器可以包含多個路由實例和路由表。使用閘道路由器是大幅提高路由器使用率的一種有效方式，因為單一物理路由器中的一組閘道路由器可以執行之前由多台裝置執行的操作。

NSX-T 支援兩層邏輯路由器拓撲，這兩層分別是被稱為第 0 層（T0）的頂層閘道路由器和被稱為第 1 層（T1）的次頂層閘道路由器。這種結構為供應商管理員和租戶管理員提供了對其服務和策略的完全控制權。供應商管理員可以控制和設定 T0 路由和服務，租戶管理員可以控制和設定 T1 路由和服務。T0 北邊緣閘道與物理網路相連接，可以在其中設定動態路由式通訊協定以便與物理路由器交換路由資訊。T0 南邊緣閘道連接到一個或多個 T1 路由層，並接收來自這些層的路由資訊。為了最佳化資源使用，T0 層不會將來自物理網路的所有路由推送到 T1 層，但會提供預設路由資訊。

T1 路由器託管由租戶管理員定義的南向邏輯交換機分段介面負責，同時在介面之間還提供單躍點路由功能。為了能夠從物理網路連接到與第 1 層掛接的子網，必須啟用到第 0 層的路由並重新分發。但是，這種分發不會由在第 1 層和第 0 層之間運行的傳統路由式通訊協定（如 OSPF 或 BGP）執行。層間路由借助 NSX-T 控制平面直接傳輸至適當的路由器。

注意，兩層路由拓撲不是必需的。如果不需要兩層路由拓撲來實現供應商 / 租戶隔離，則可以實施單一第 0 層拓撲。在此場景中，第 2 層分段直接連接到第 0 層，且未設定第 1 層路由器。

閘道路由器的組成：一個分散式路由器（Distributed Router，DR）和一個或多個服務路由器（Service Router，SR），其中後者是可選的。

DR 基於核心、橫跨節點來向連接到它的虛擬機器提供本地路由功能，並且還會有於與邏輯路由器綁定的任一邊緣節點中。在功能方面，DR 負責在邏輯交換機和連接到該邏輯路由器的閘道路由器之間實現單躍點分散式路由，其功能與較早 NSX 版本中的分散式邏輯路由器（Distributed Logic Router，DLR）類似。

SR 負責發表當前未以分散式方式實施的服務，如有狀態 NAT、負載平衡、DHCP 或 VPN 服務。SR 部署在最初設定 T0/T1 路由器時選擇的邊緣節點叢集上。

重申一下，NSX-T 中的閘道路由器無論是作為 T0 還是 T1 部署，始終都會有一個與之相連結的 DR。如果滿足以下條件，它還會建立一個相連結的 SR。

- 閘道路由器是第 0 層路由器，即使未設定有狀態服務，也會建立。
- 閘道路由器是連結至第 0 層路由器的第 1 層路由器，並且已設定未進行分散式實施的服務（如 NAT、LB、DHCP 或 VPN）。

NSX-T 管理平面（MP）可自動建立將服務路由器連接到分散式路由器的結構。MP 在分配 VNI 和建立傳輸分段後，會在 SR 和 DR 上設定通訊埠，以便將它們連接到傳輸分段。然後，MP 會自動為 SR 和 DR 分配唯一的 IP 位址。

## 7 · NSX Edge 節點

NSX Edge 節點提供路由服務，以及與 NSX-T 外部的網路的連接。

當位於不同 NSX 分段上的虛擬機工作負載透過 T1 與其他虛擬機工作負載進行通訊時，將使用分散式路由器（DR）功能以最佳化的分散式方式來路由流量。

但是，當虛擬機工作負載需要與 NSX 環境外的裝置通訊時，將使用託管在 NSX Edge 節點上的服務路由器（SR）。如果需要有狀態服務（如網路位址編譯），無論有狀態服務是與 T0 還是 T1 路由器相連結，都將由 SR 執行此功能，並且也一定是由其接收流量。

NSX Edge 節點的常見部署包括 DMZ 和多租戶雲端運算環境。在多租戶雲端運算環境中，NSX Edge 節點可使用服務路由器為每個租戶建立虛擬邊界。

## 8 · 傳輸域

傳輸域可以控制邏輯交換機能夠連接到的主機。它可以跨越一個或多個主機叢集。傳輸域可指定哪些主機及虛擬機器有權使用特殊網路。

傳輸域可以定義一組能夠跨物理網路基礎架構彼此進行通訊的主機。此通訊透過一個或多個定義為安全加密鏈路端點的介面進行。

如果兩個傳輸節點位於同一傳輸域中，則託管在這些傳輸節點上的虛擬機器可以掛接到同樣位於該傳輸域中的 NSX-T 邏輯交換機分段。借助此掛接，虛擬機器可以相互通訊，但前提是虛擬機器可連接第 2 層 / 第 3 層。如果虛擬機器連接到位於不同傳輸域內的邏輯交換機，則虛擬機器之間無法相互通訊。傳輸域並不會替代第 2 層 / 第 3 層可連線性要求，但會給可連線性設定限制。

如果節點至少包含一個 HostSwitch，則可用作傳輸節點。建立主機傳輸節點並將其增加到傳輸域時，NSX-T 會在主機上安裝一個 HostSwitch。HostSwitch 用於將虛擬機器掛接到 NSX-T 邏輯交換機分段，以及建立 NSX-T 閘道路由器上行鏈路和下行鏈路。在以前的 NSX 版本中，HostSwitch 可以託管單一傳輸域，而設定多個傳輸域則需要節點上有多個 HostSwitch。從 NSX-T 2.4 起，可以使用同一個 HostSwitch 設定多個傳輸域。

## ▶ 4.2 設定和使用標準交換機

標準交換機是 ESXi 主機最基本的交換機，ESXi 主機安裝完成後設定管理 IP 位址使用的就是標準交換機，所以熟練使用標準交換機在 VMware vSphere 虛擬化環境中相當重要。本節將介紹如何設定和使用標準交換機。

### 4.2.1 建立運行虛擬機器流量的標準交換機

完成 ESXi 主機安裝後，系統會在 vSwitch0 交換機上建立名稱為「VM Network」的通訊埠組用於運行虛擬機器流量。在生產環境中可能會單獨建立標準交換機用以運行虛擬機器流量。本節將介紹如何建立獨立的標準交換機以運行虛擬機器流量。

第 1 步，選擇需要設定網路的 ESXi 主機，可以看到預設建立的虛擬交換機 vSwitch0，如圖 4-2-1 所示，點擊「增加網路」按鈕，彈出「增加網路」對話方塊。

圖 4-2-1

第 2 步，選中「標準交換機的虛擬機器通訊埠組」選項按鈕，如圖 4-2-2 所示，點擊「NEXT」按鈕。

圖 4-2-2

第 3 步，選擇目標裝置，可以使用已有的標準交換機，也可以新建標準交換機。在生產環境中一般推薦新建標準交換機來滿足不同的需求，選擇現有標準交換機，如圖 4-2-3 所示，點擊「NEXT」按鈕。

圖 4-2-3

第 4 步，輸入網路標籤的參數，可以視為虛擬機器通訊埠組的名稱，根據實際情況輸入。注意，物理交換機介面如果設定為 Trunk 模式，VLAN ID 需要增加對應的 ID 號，如圖 4-2-4 所示，點擊「NEXT」按鈕。

第 5 步，確認通訊埠組參數設定正確，如圖 4-2-5 所示，點擊「FINISH」按鈕。

第 6 步，「虛擬機器網路」通訊埠組建立完成，如圖 4-2-6 所示。

第 7 步，遷移虛擬機器網路到新建的虛擬機器網路，如圖 4-2-7 所示，可以看到兩台虛擬機器網路遷移完成。

至此，運行虛擬機器流量的標準交換機建立完成。要注意的是，是否使用 VLAN ID 取決於 ESXi 主機連接物理交換機的介面設定，介面設定為 Trunk 模式則需要增加 VLAN ID，介面設定為 Access 模式，則不需要增加 VLAN ID。

圖 4-2-4

圖 4-2-5

圖 4-2-6

圖 4-2-7

## 4.2.2　建立基於 VMkernel 流量的通訊埠組

VMkernel 是 VMware 自訂的特殊通訊埠，可以承載 iSCSI、vMotion、vSAN 等流量，VMkernel 通訊埠可以在標準交換機和分散式交換機上進行建立。本節將介紹如何建立獨立的標準交換機以運行 VMkernel 流量。

第 1 步，選擇 VMkernel 網路介面卡，如圖 4-2-8 所示，點擊「NEXT」按鈕。

圖 4-2-8

第 2 步，選擇現有的標準交換機，如圖 4-2-9 所示，點擊「NEXT」按鈕。

第 3 步，進行 VMkernel 通訊埠屬性設定，根據實際情況決定是否選取已啟用的服務，如圖 4-2-10 所示，點擊「NEXT」按鈕。

第 4 步，設定 VMkernel 相關的 IP 位址，如圖 4-2-11 所示，點擊「NEXT」按鈕。

圖 4-2-9

圖 4-2-10

圖 4-2-11

第 5 步，確認 VMkernel 相關設定是否正確，如圖 4-2-12 所示，若正確則點擊
「FINISH」按鈕。

圖 4-2-12

第 6 步，VMkernel-iSCSI 通訊埠組建立成功，如圖 4-2-13 所示。

圖 4-2-13

第 7 步，透過查看 VMkernel 介面卡設定可以看到主機上所有的 VMkernel 資訊，如 IP 位址、啟用的服務等。在此，可以查看剛增加的通訊埠組的相關資訊，如圖 4-2-14 所示。

圖 4-2-14

至此，基於 VMkernel 流量的通訊埠組建立完成。關於通訊埠組的使用，後續章節會介紹。

## 4.2.3　標準交換機 NIC Teaming 設定

在生產環境中，標準交換機使用一個物理介面卡容易造成單點故障，根據不同的應用，一個標準交換機會使用一個或多個物理介面卡，當使用 2 個以上物理介面卡時就需要進行 NIC Teaming 設定，以實現負載平衡。NIC Teaming 的 3 種模式在前面章節已經進行了介紹。生產環境中可以根據實際情況選擇負載平衡的模式，本節將介紹基於 IP 雜湊演算法的 NIC Teaming 設定方法。

第 1 步，查看 ESXi 主機可以看到虛擬交換機 vSwitch0 設定有兩個物理介面卡，如圖 4-2-15 所示。

圖 4-2-15

第 2 步，預設情況下，負載的方式為「基於來源虛擬通訊埠的路由」，如圖
4-2-16 所示。

圖 4-2-16

參數解釋如下。

## （1）網路故障檢測

網路故障檢測分為「僅鏈路狀態」及「信標探測」兩種方式。「僅鏈路狀態」是透過物理交換機的事件來判斷故障，常見的是物理線路斷開或物理交換機故障，其缺點是無法判斷設定錯誤；「信標探測」也會使用鏈路狀態，但它增加了一些其他檢測機制，如由於 STP 阻塞通訊埠、通訊埠 VLAN 設定錯誤等。

## （2）通知交換機

虛擬機器啟動、虛擬機器進行 vMotion 操作、虛擬機器 MAC 位址發生變化等情況發生時，物理交換機會收到用反向位址解析通訊協定（Reverse Address Resolution Protocol，RARP）表示的變化通知。物理交換機是否知道故障取決於「通知交換機」的設定，設定為「是」則立即知道，設定為「否」則不知道，RARP 會更新物理交換機的查詢表，並且在故障恢復時提供最短延遲時間。

## （3）故障恢復

這裡的故障恢復是指網路故障恢復後的資料流量的處理方式，以圖 4-2-16 為例，當 vmnic0 出現故障時，資料流量全部遷移到 vmnic1；當 vmnic0 故障恢復後，可以設定資料流量是否切換回 vmnic0。需要特別注意的是，運行 IP 儲存的 vSwitch 推薦將故障恢復設定為「否」，以免 IP 儲存流量來回切換。

第 3 步，調整負載方式為「基於 IP 雜湊的路由」，如圖 4-2-17 所示，點擊「確定」按鈕。

第 4 步，設定物理交換機通訊埠匯聚。

```
DC-N5548UP-01(config)# interface e100/1/7-8  # 進入通訊埠設定
DC-N5548UP-01(config-if-range)# channel-group 2 mode ?  # 設定匯聚類型
    Active      Set channeling mode to ACTIVE
    On          Set channeling mode to ON
    Passive     Set channeling mode to PASSIVE
DC-N5548UP-01(config-if-range)# channel-group 2 mode on
```

圖 4-2-17

第 5 步，查看通訊埠匯聚狀態。需要注意的是，如果交換機不支援，會導致 ESXi 主機及虛擬機器無法存取。

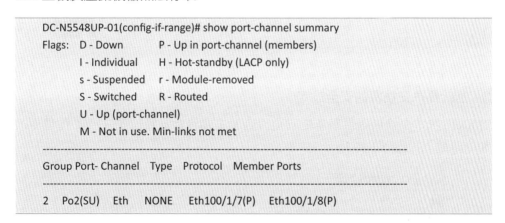

```
DC-N5548UP-01(config-if-range)# show port-channel summary
Flags:  D - Down          P - Up in port-channel (members)
        I - Individual    H - Hot-standby (LACP only)
        s - Suspended     r - Module-removed
        S - Switched      R - Routed
        U - Up (port-channel)
        M - Not in use. Min-links not met
--------------------------------------------------------------------------------
Group Port- Channel   Type    Protocol   Member Ports
--------------------------------------------------------------------------------
2    Po2(SU)   Eth    NONE     Eth100/1/7(P)    Eth100/1/8(P)
```

至此，基本的標準交換機 NIC Teaming 設定完成。也可根據實際需要將負載的方式調整為「基於 IP 雜湊的路由」，但是基於 IP 雜湊的路由的物理交換機目前僅支援思科交換機的 MODE ON 模式。

## 4.2.4　標準交換機其他策略設定

對標準交換機來説，策略參數的設定相對簡單。策略設定分為基於 vSwitch 全域設定和基於通訊埠組設定兩種，可以根據生產環境的實際情況進行設定，大部分的情況下基於通訊埠組進行設定。

### 1 · 基於標準交換機的 MTU 設定

VMware 標準交換機支援修改通訊埠 MTU 值，預設值為 1500，如圖 4-2-18 所示。可以修改為其他參數，但需要物理交換機的支援，建議兩端設定的 MTU 值一致。因為如果與物理交換機不匹配，可能導致網路傳輸出現問題。

圖 4-2-18

### 2 · 基於標準交換機的安全設定

VMware 標準交換機提供基本的安全設定，主要包括混雜模式、MAC 位址更改和偽傳輸，如圖 4-2-19 所示。

圖 4-2-19

參數解釋如下。

## （1）混雜模式

預設為「拒絕」模式，其功能類似於傳統物理交換機，虛擬機器透過標準交換機的 ARP 表傳輸資料，僅在來源通訊埠和目的通訊埠進行接收和轉發，標準交換機的其他介面不會接收和轉發。

如果需要對標準交換機上的虛擬機器流量進行封包截取分析或通訊埠映像檔，可以將混雜模式修改為「接受」。修改後，其功能類似於集線器，標準交換機所有通訊埠都可以收到資料。

## （2）MAC 位址更改和偽傳輸

預設為「接受」，虛擬機器在剛建立時會生成一個 MAC 位址，可以視為初始 MAC 位址。當安裝作業系統後可以使用初始 MAC 位址進行資料轉發，這時初始 MAC 位址變為有效 MAC 位址且兩者相同。如果透過作業系統修改 MAC 位址，則初始 MAC 位址和有效 MAC 位址就不相同。資料的轉發取決於 MAC 位址更改和偽傳輸狀態，狀態為「接受」時進行轉發，狀態為「拒絕」時則捨棄。

### 3・基於標準交換機的流量調整

VMware 標準交換機提供了基本的流量調整功能。標準交換機流量調整僅用於出站方向，預設為已禁用，如圖 4-2-20 所示。

圖 4-2-20

參數解釋如下。

### （1）平均頻寬

平均頻寬表示每秒透過標準交換機的資料傳輸量。如果 vSwitch0 上行鏈路為 1Gbit/s 介面卡，則每個連接到這個 vSwitch0 的虛擬機器都可以使用 1Gbit/s 頻寬。

### （2）峰值頻寬

峰值頻寬表示標準交換機在不封包遺失前提下支援的最大頻寬。如果 vSwitch0 上行鏈路為 1Gbit/s 介面卡，則 vSwitch0 的峰值頻寬即為 1Gbit/s。

### （3）突發大小

突發大小規定了突發流量中包含的最大數據量，計算方式是「頻寬 × 時間」。在高使用率期間，如果有一個突發流量超出設定值，那麼這些資料封包就會被捨棄，其他資料封包可以傳輸；如果處理的網路流量佇列未滿，那麼這些資料封包後來會被繼續傳輸。

## ▶ 4.3　設定和使用分散式交換機

分散式交換機與標準交換機並沒有太大的區別，可以視為跨多台 ESXi 主機的超級交換機。它把分佈在多台 ESXi 主機的標準虛擬交換機邏輯上組成一個「大」交換機。利用分散式交換機可以簡化虛擬機器網路連接的部署、管理和監控，為叢集等級的網路連接提供一個集中控制點，使虛擬環境中的網路設定不再以主機為單位。

對中小環境來說，標準交換機可以滿足其需求，但對 ESXi 主機較多特別是有多 VLAN、網路策略等需求的中大型企業來說，如果只使用標準交換機會影響整體的管理及網路的性能。因此，使用分散式交換機是必需的選擇。在生產環境中，標準交換機與分散式交換機並用，管理網路使用標準交換機時，可以把虛擬機器網路、基於 VMKernel 的網路遷移到分散式交換機上。本節將介紹如何設定和使用分散式交換機。

## 4.3.1 建立分散式交換機

分散式交換機的建立必須在 vCenter Server 中進行，並且需要將 ESXi 主機加入 vCenter Server，獨立的 ESXi 主機不能建立分散式交換機。建立分散式交換機 之前需要至少保證 ESXi 主機有 1 個或以上未使用的乙太網路介面。

第 1 步，登入 vCenter Server，選中「Datacenter」並用滑鼠按右鍵，在彈出的 快顯功能表中選擇「Distributed Switch」中的「新建 Distributed Switch」選項， 如圖 4-3-1 所示。

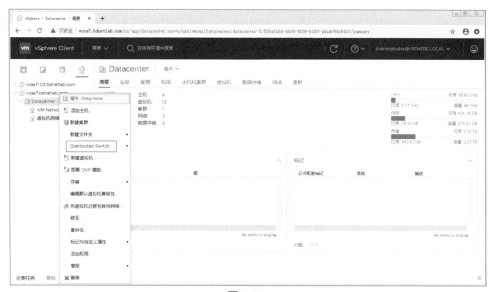

圖 4-3-1

第 2 步，輸入新建分散式交換機的名稱，如圖 4-3-2 所示，點擊「NEXT」按鈕。

圖 4-3-2

第 3 步，選擇分散式交換機的版本，不同的版本具有不同的功能特性，根據實際情況進行選擇。此處選擇 7.0.0-ESXi 7.0 及更新版本，如圖 4-3-3 所示，點擊「NEXT」按鈕。

第 4 步，設定分散式交換機上行鏈路介面數量。上行鏈路介面數量指定的 ESXi 主機用於分散式交換機連接物理交換機的乙太網路介面數量，一定要根據實際情況設定。舉例來說，目前環境中每台 ESXi 主機有 1 個乙太網路介面用於分散式交換機，那麼此處上行鏈路介面數量就為 1，其他參數可以保持預設設定，建立好分散式交換機後可以進行修改，如圖 4-3-4 所示，點擊「NEXT」按鈕。

圖 4-3-3

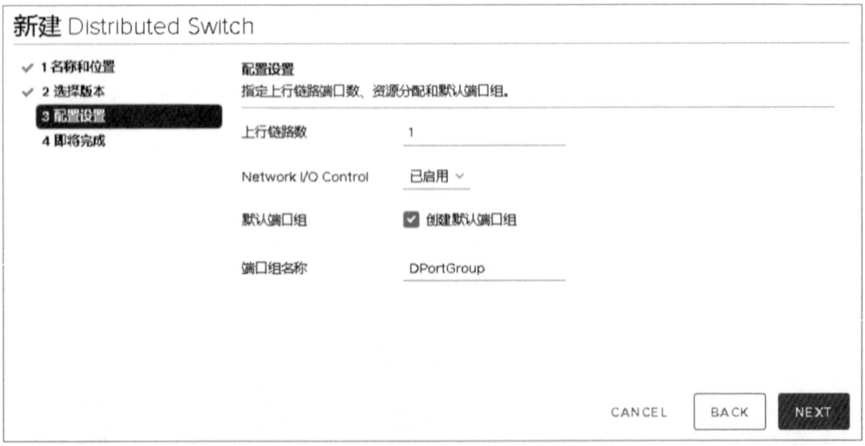

圖 4-3-4

第 5 步，確認分散式交換機的參數是否正確，如圖 4-3-5 所示，若正確則點擊「FINISH」按鈕。

圖 4-3-5

第 6 步，分散式交換機建立完成，如圖 4-3-6 所示。

圖 4-3-6

至此，分散式交換機基本建立完成。建立過程比較簡單，但還需要增加 ESXi 主機及對應的通訊埠才能正式使用分散式交換機。

## 4.3.2　將 ESXi 主機增加到分散式交換機

第 1 步，選中新建立的分散式交換機，可以看到分散式交換機未增加任何 ESXi 主機，如圖 4-3-7 所示。

圖 4-3-7

第 2 步，增加和管理主機。如圖 4-3-8 所示，選擇增加主機，點擊「NEXT」按鈕。

第 3 步，將 ESXi 主機增加到分散式交換機，系統會在新加入的 ESXi 主機名稱前備註「新建」字樣，如圖 4-3-9 所示，點擊「NEXT」按鈕。

圖 4-3-8

圖 4-3-9

第 4 步，選擇 ESXi 主機中需要加入分散式交換機的介面卡，選擇未連結其他
交換機的介面卡，如圖 4-3-10 所示，點擊「分配上行鏈路」按鈕，其他 ESXi
主機按照相同的方式分配上行鏈路，點擊「NEXT」按鈕。

圖 4-3-10

第 5 步，詢問是否遷移虛擬機器網路，如圖 4-3-11 所示，根據實際情況決定
是否選取「遷移虛擬機器網路」核取方塊，點擊「NEXT」按鈕。

BDLAB-vDS - **添加和管理主機**

✓ 1 選擇任務
✓ 2 選擇主機
✓ 3 管理物理適配器
✓ 4 管理 VMkernel 適配器
　 5 遷移虛擬機網絡
　 6 即將完成

**遷移虛擬機網絡**
選擇要遷移到 Distributed Switch 的虛擬機或網絡適配器。

☐ 遷移虛擬機網絡

🖧 分配端口組 ↩ 重置更改 ❶ 查看設置

| 主机/虚拟机/网络适配器 | 网卡计数 | 源端口组 | 目标端口组 |
|---|---|---|---|
| No records to display | | | |

CANCEL　BACK　NEXT

圖 4-3-11

第 6 步，確認增加的主機參數是否正確，如圖 4-3-12 所示，點擊「FINISH」按鈕。

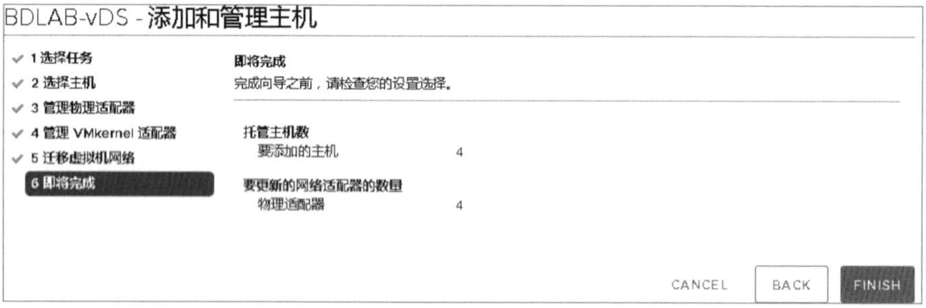

BDLAB-vDS - **添加和管理主機**

✓ 1 選擇任務
✓ 2 選擇主機
✓ 3 管理物理適配器
✓ 4 管理 VMkernel 適配器
✓ 5 遷移虛擬機網絡
　 6 即將完成

**即將完成**
完成向導之前，請檢查您的設置選擇。

托管主機數
　要添加的主機　　　　　4

要更新的網絡適配器的數量
　物理適配器　　　　　　4

CANCEL　BACK　FINISH

圖 4-3-12

第 7 步，查看分散式交換機，可以看到 ESXi 主機已增加到分散式交換機，如圖 4-3-13 所示。

圖 4-3-13

至此，已將 ESXi 主機增加到了分散式交換機。標準交換機需要在每台 ESXi 主機上建立通訊埠組，ESXi 主機數量越大，工作量就越大；而分散式交換機建立的分散式通訊埠組可以在多台 ESXi 主機上進行呼叫，無須在每台 ESXi 主機進行建立，從而極大地提高了工作效率，降低了管理難度。

### 4.3.3 建立和使用分散式通訊埠組

將 ESXi 主機增加到分散式交換機後，可根據實際需要建立和使用分散式通訊埠組。本節將建立基於 Vmkernel 的分散式通訊埠組，以及基於虛擬機器流量的分散式通訊埠組。

第 1 步，選中要建立分散式通訊埠組的交換機並用滑鼠按右鍵，在彈出的快顯功能表中選擇「分散式通訊埠組」中的「新建分散式通訊埠組」選項，開始新建分散式通訊埠組，如圖 4-3-14 所示。

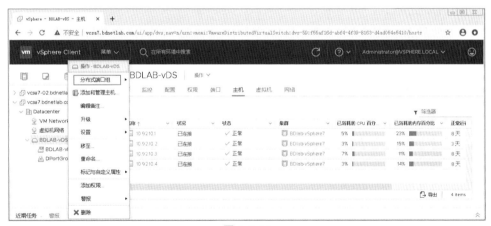

圖 4-3-14

第 2 步，輸入新建的分散式通訊埠組的名稱，如圖 4-3-15 所示，點擊「NEXT」按鈕。

圖 4-3-15

第 3 步，設定分佈通訊埠組相關參數，如果選取「自訂預設策略設定」核取方塊，需要設定其他參數，可以參考標準交換機的相關解釋，如圖 4-3-16 所示，點擊「NEXT」按鈕。

圖 4-3-16

第 4 步，完成分散式通訊埠組建立，如圖 4-3-17 所示。

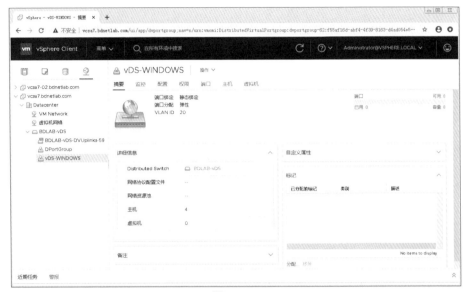

圖 4-3-17

第 5 步，標準交換機的 VM Network 下運行著大量虛擬機器，將其遷移到分散式交換機。選中 VM Network 並用滑鼠按右鍵，在彈出的快顯功能表中選擇「將虛擬機器遷移到其他網路」選項，如圖 4-3-18 所示。

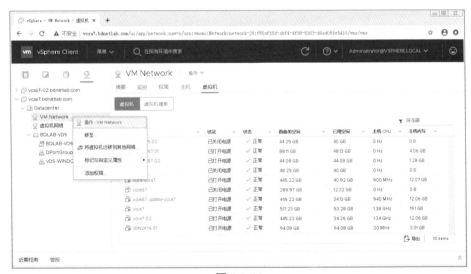

圖 4-3-18

第 6 步，選擇目標網路為新建立的分散式交換機通訊埠組 vDS-WINDOWS，如圖 4-3-19 所示，點擊「NEXT」按鈕。

圖 4-3-19

第 7 步，選取需要遷移網路的虛擬機器，如圖 4-3-20 所示，點擊「NEXT」按鈕。

圖 4-3-20

第 8 步，確認需要遷移的虛擬機器參數是否正確，如圖 4-3-21 所示，如正確則點擊「FINISH」按鈕。

第 9 步，將虛擬機器網路從標準交換機遷移到分散式交換機完成，如圖 4-3-22 所示。

第 10 步，查看虛擬機器相關資訊，可以看到虛擬機器網路連接到分散式交換機，同時可以獲取其 IP 位址，如圖 4-3-23 所示。

圖 4-3-21

圖 4-3-22

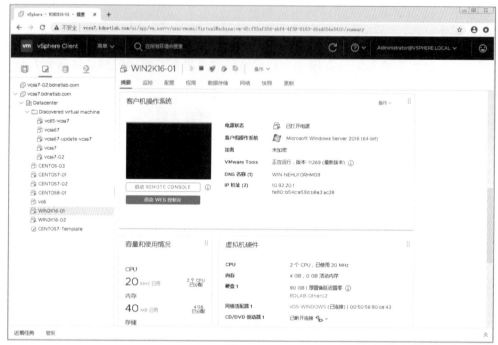

圖 4-3-23

## ▶ 4.4　設定和使用 NSX-T 網路

NSX-T 是 VMware 最新的軟體定義網路解決方案。需要說明的是，NSX-T 設定使用非常複雜。本節主要介紹 NSX-T 基礎架構的部署，以及邏輯交換、邏輯路由的基礎設定，對於其他深層次的應用，可以參考 NSX-T 其他圖書。

### 4.4.1　部署 NSX Manager

NSX Manager 是整個 NSX-T 網路架構的核心，它以虛擬機器方式運行，生產環境中推薦部署 3 台 NSX Manager 以叢集方式運行，以實現容錯、負載平衡。

第 1 步，選中「NSX-T_3.0」虛擬機器並用滑鼠按右鍵，在彈出的快顯功能表中選擇「部署 OVF 範本」選項，匯入 NSX-T 虛擬機器，如圖 4-4-1 所示。

第 2 步，選擇匯入本地檔案，如圖 4-4-2 所示，點擊「NEXT」按鈕。

第 3 步，輸入虛擬機器名稱，如圖 4-4-3 所示，點擊「NEXT」按鈕。

第 4 步，選擇虛擬機器使用的運算資源，如圖 4-4-4 所示，點擊「NEXT」按鈕。

第 5 步，系統對匯入的 OVF 範本進行驗證，如圖 4-4-5 所示，點擊「NEXT」按鈕。

第 6 步，選擇虛擬機器部署的類型。部署規模越大，需要的硬體資源就越多，可根據實際情況進行選擇，如圖 4-4-6 所示，點擊「NEXT」按鈕。

第 7 步，選擇虛擬機器使用的儲存，如圖 4-4-7 所示，點擊「NEXT」按鈕。

第 8 步，選擇虛擬機器使用的網路，如圖 4-4-8 所示，點擊「NEXT」按鈕。

第 9 步，設定虛擬機器相關 IP 資訊，如圖 4-4-9 所示，點擊「NEXT」按鈕。

圖 4-4-1

圖 4-4-2

圖 4-4-3

圖 4-4-4

**部署 OVF 模板**

| | |
|---|---|
| ✓ 1 选择 OVF 模板 | ⚠ OVF 软件包中包含高级配置选项，可能会带来安全风险。检查以下高级配置选项。单击"下一步"接受高级配置选项。 |
| ✓ 2 选择名称和文件夹 | |
| ✓ 3 选择计算资源 | |

| 发布者 | VMware\, Inc (可信证书) |
|---|---|
| 产品 | nsx-unified-appliance |
| 版本 | 3.0.1.1 |
| 供应商 | VMware, Inc |
| 下载大小 | 11.0 GB |
| 磁盘大小 | 5.5 GB (精简置备)<br>300.0 GB (厚置备) |
| 额外配置 | time.synchronize.tools.startup = false<br>ethernet1.rxDataRingEnabled = 0<br>isolation.tools.vmxDnDVersionGet.disable = true<br>RemoteDisplay.maxConnections = 1<br>time.synchronize.restore = false<br>time.synchronize.shrink = false<br>isolation.tools.diskShrink.disable = true<br>isolation.tools.memSchedFakeSampleStats.disable = true |

主导航选项（左侧）：
- ✓ 1 选择 OVF 模板
- ✓ 2 选择名称和文件夹
- ✓ 3 选择计算资源
- 4 查看详细信息
- 5 配置
- 6 选择存储
- 7 选择网络
- 8 自定义模板
- 9 即将完成

CANCEL　BACK　NEXT

圖 4-4-5

圖 4-4-6

圖 4-4-7

圖 4-4-8

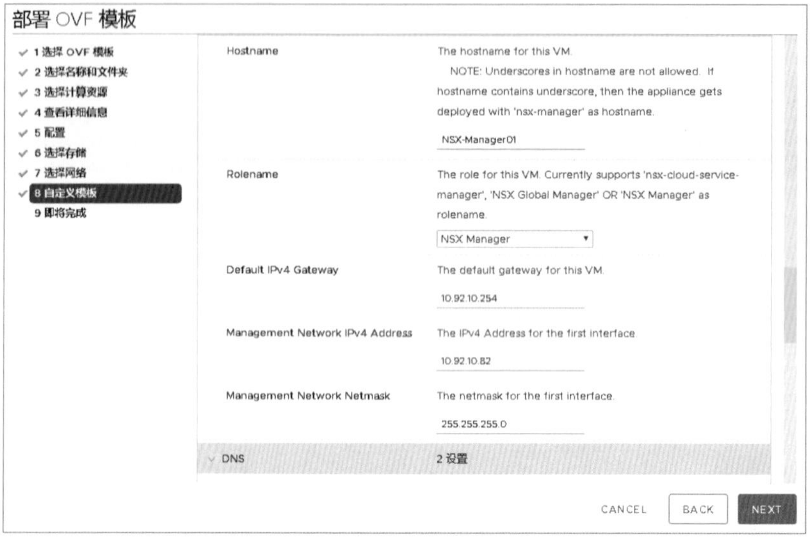

圖 4-4-9

第 10 步，確認參數是否正確，如圖 4-4-10 所示，若正確則點擊「FINISH」按鈕。

圖 4-4-10

第 11 步，開始部署虛擬機器，如圖 4-4-11 所示。需要注意的是，NSX Manager 虛擬機器 OVA 檔案較大，所以部署時間偏長，如果下載的檔案存在問題，部署過程中可能會顯示出錯。

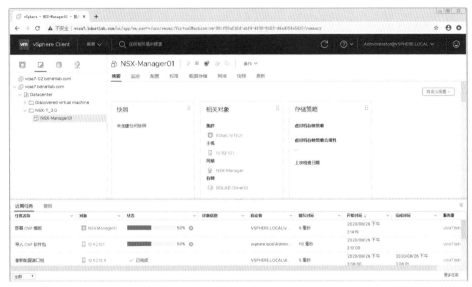

圖 4-4-11

第 12 步,完成虛擬機器部署後打開電源,登入虛擬機器查看相關資訊,如圖 4-4-12 所示。

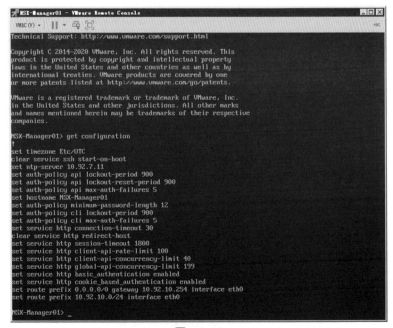

圖 4-4-12

第 13 步，NSX Manager 服務啟動需要一些時間，啟動後使用瀏覽器登入 NSX Manager，輸入用戶名和密碼，如圖 4-4-13 所示，點擊「登入」按鈕。

圖 4-4-13

第 14 步，成功登入到 NSX Manager 介面，系統在右下角會提示「建議使用 3 節點叢集部署節點」，如圖 4-4-14 所示。

第 15 步，在「系統」選單查看裝置相關資訊，目前環境中只部署了 1 台 NSX Manager，沒有增加計算管理器，所以無法增加 NSX 裝置，如圖 4-4-15 所示，選擇「Fabric」中的「計算管理器」選項。

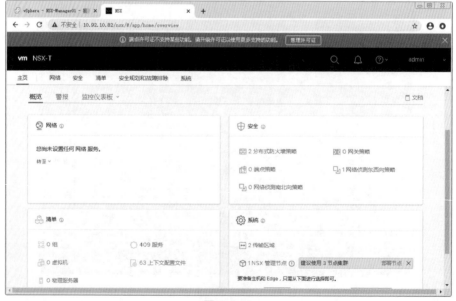

圖 4-4-14

圖 4-4-15

第 16 步，可以發現計算管理器中為空，無任何運算資源，如圖 4-4-16 所示，將 VCSA7 所在的 vCenter Server 增加到計算管理器中，點擊「增加」按鈕。

圖 4-4-16

第 17 步，輸入 VCSA7 相關資訊，如圖 4-4-17 所示，點擊「增加」按鈕。

圖 4-4-17

第 18 步，完成計算管理器的增加，其狀態為已註冊，如圖 4-4-18 所示。

圖 4-4-18

第 19 步，返回到裝置介面，這時已經可以增加 NSX 裝置，如圖 4-4-19 所示，點擊「增加 NSX 裝置」圖示。

圖 4-4-19

第 20 步，輸入增加的 NSX 裝置網路資訊，如圖 4-4-20 所示，點擊「下一步」
按鈕。

圖 4-4-20

第 21 步，選擇虛擬機器使用的計算設定，如圖 4-4-21 所示，點擊「下一步」按鈕。

第 22 步，設定虛擬機器密碼資訊，如圖 4-4-22 所示，點擊「安裝裝置」按鈕。

第 23 步，開始部署第 2 台 NSX Manager，如圖 4-4-23 所示。

圖 4-4-21

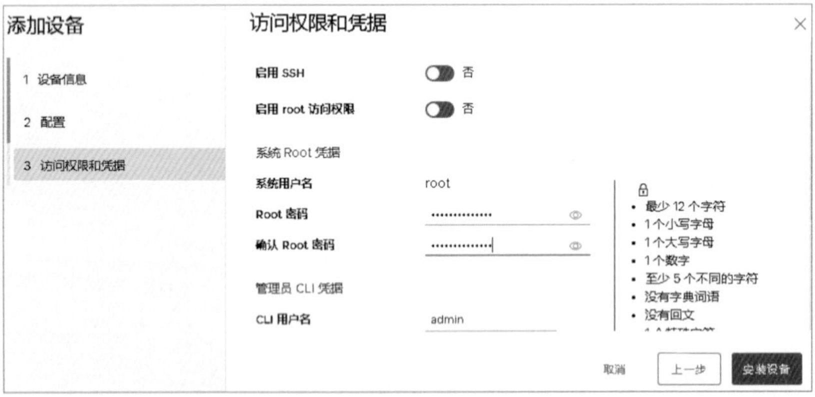

圖 4-4-22

圖 4-4-23

第 24 步,按照相同的方式部署第 3 台 NSX Manager,如圖 4-4-24 所示。

圖 4-4-24

第 25 步，完成 3 台 NSX Manager 的部署，但叢集的狀態處於「已降級」，如圖 4-4-25 所示，這是因為叢集還未完成部署，點擊「設定虛擬 IP」按鈕。

圖 4-4-25

第 26 步，設定虛擬 IP 實現 NSX Manager 的高可用性，如圖 4-4-26 所示，點擊「保存」按鈕。

第 27 步，需要注意的是，設定虛擬 IP 實現 NSX Manager 的高可用後，服務需要重新開機，所以需要一定時間，如圖 4-4-27 所示。

圖 4-4-26　　　　　　　　　　　　　　　　圖 4-4-27

第 28 步，使用 NSX Manager 叢集虛擬 IP 位址登入，NSX Manager 叢集處於穩定狀態，虛擬 IP 分配給 NSX Manager03 虛擬機器，如圖 4-4-28 所示。

圖 4-4-28

至此，NSX Manager 部署以及叢集部署完成。由於是 NSX-T 網路虛擬化的核心部分，生產環境中推薦以叢集方式部署運行。

## 4.4.2 設定傳輸節點

NSX Manager 部署完成後，需要設定傳輸節點主機區域及節點等。其實質是定義 ESXi 主機或 KVM 主機、虛擬機器使用 NSX-T 網路進行傳輸。本節主要介紹如何將 ESXi 主機設定為傳輸節點主機。

第 1 步，ESXi 主機或 KVM 主機是一個傳輸節點，傳輸節點會對基於 NSX-T 網路傳輸的資料進行封裝和解封裝，同時需要設定 IP 位址。推薦使用獨立 IP 位址集區，如圖 4-4-29 所示，點擊「增加 IP 位址集區」按鈕。

第 2 步，設定 IP 位址集區詳細資訊。需要說明的是，這個 IP 位址集區用於封裝 GENEVE 協定，所以不一定要求和管理網路處於相同網段，如圖 4-4-30 所示，點擊「增加」按鈕。

第 3 步，確認 IP 位址資訊正確，如圖 4-4-31 所示，點擊「應用」按鈕。

圖 4-4-29

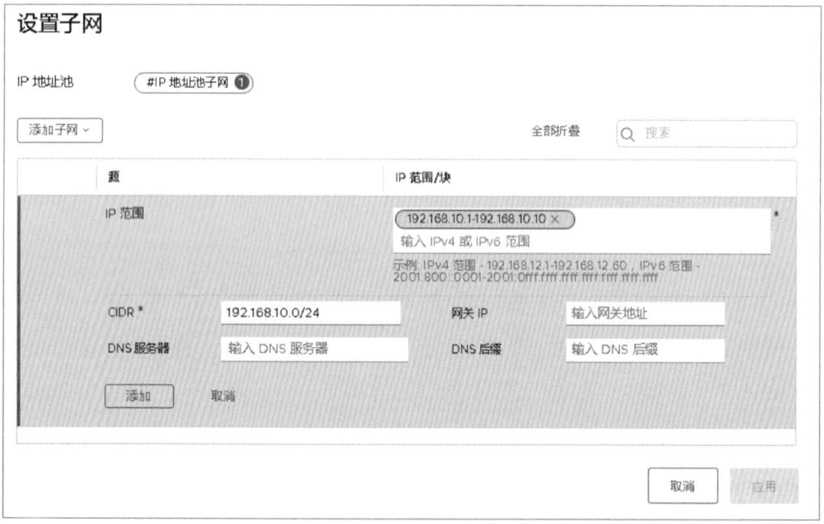

## 设置子网

IP 地址池　　　#IP 地址池子网 ❶

添加子网 ∨　　　　　　　　　　　　　　全部折叠　　　🔍 搜索

| 源 | IP 范围/块 |
| --- | --- |
| IP 范围 | 192.168.10.1-192.168.10.10 ✕ |
|  | 输入 IPv4 或 IPv6 范围 |
|  | 示例：IPv4 范围 - 192.168.12.1-192.168.12.60 , IPv6 范围 - 2001:800::0001-2001:0fff:ffff:ffff:ffff:ffff:ffff:ffff |

| CIDR * | 192.168.10.0/24 | 网关 IP | 输入网关地址 |
| --- | --- | --- | --- |
| DNS 服务器 | 输入 DNS 服务器 | DNS 后缀 | 输入 DNS 后缀 |

添加　　取消

取消　　应用

圖 4-4-30

圖 4-4-31

第 4 步，檢查上行鏈路設定檔，NSX-T 3.0 版本中預設有設定檔，如圖 4-4-32
所示，生產環境中可以根據情況呼叫。本實驗上行鏈路只有一條，因此新建一
個設定檔，點擊「增加」按鈕。

圖 4-4-32

第 5 步，輸入新建的上行鏈路設定檔名稱，NSX-T 環境支援 LAG 通訊埠聚合，
如圖 4-4-33 所示，如果生產環境中設定可以增加使用，本例單獨進行綁定，
點擊「增加」按鈕。

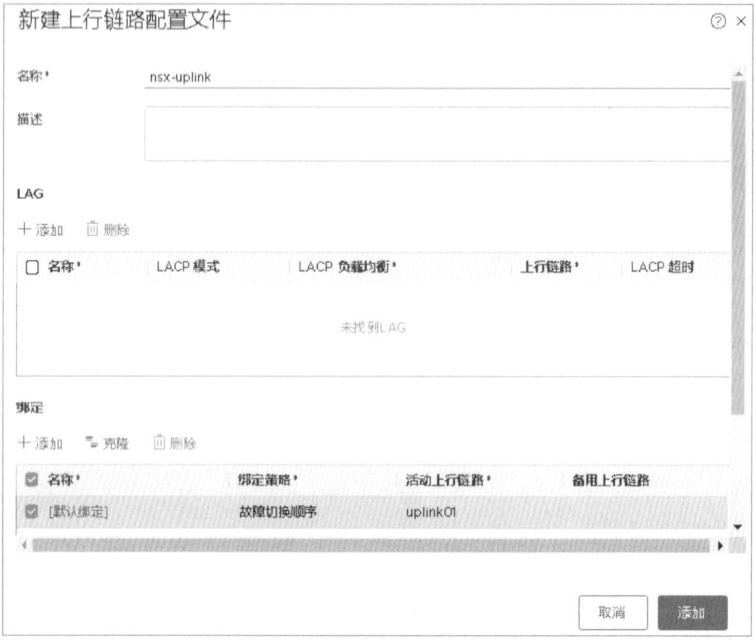

新建上行链路配置文件
名称 *
nsx-uplink
描述
LAG
+ 添加 删除
名称 * LACP 模式 LACP 负载均衡 * 上行链路 * LACP 超时
未找到LAG
绑定
+ 添加 克隆 删除
名称 * 绑定策略 * 活动上行链路 * 备用上行链路
[默认绑定] 故障切换顺序 uplink01
取消
添加

圖 4-4-33

第 6 步，查看傳輸區域相關資訊，預設有 2 個傳輸區域，如圖 4-4-34 所示，生產環境中建議自行建立，點擊「增加」按鈕。

第 7 步，輸入新建的傳輸區域名稱、交換機名稱，流量類型選擇為「覆蓋網路」，如圖 4-4-35 所示，點擊「增加」按鈕。

NSX-T
admin
主页 网络 安全 清单 安全规划和故障排除 系统
传输区域 运行状况配置
系统概览
配置
设备
开始
Fabric
+ 添加 编辑 删除 操作
查看 全部
传输区域 ID 流量类型 传输节点成员 状态
nsx-vlan-transportzone a95c...aeba VLAN 0 未知
nsx-overlay-transportzone 1b3a...963e 覆盖网络 0 未知
刷新 上次更新时间: 几秒前
1-2/传输区域总计 2

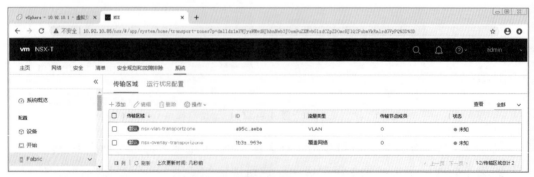

圖 4-4-34

圖 4-4-35

第 8 步,按照相同的方式增加名稱為 vlan_zone 的傳輸區域,如圖 4-4-36 所示。

圖 4-4-36

第 9 步,主機傳輸節點託管主體為「無獨立主機」,可以選擇 KVM 主機或不受 vCenter Server 管理的 ESXi 主機,如圖 4-4-37 所示。

圖 4-4-37

第 10 步，託管主機 VCSA7，可以看到 4 台 ESXi 主機，如圖 4-4-38 所示，選取
ESXi 主機，點擊「設定 NSX」按鈕。

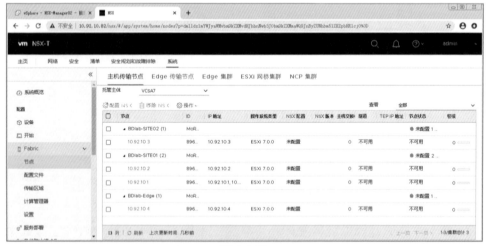

圖 4-4-38

第 11 步，為 ESXi 主機安裝傳輸節點相關套件，輸入主機名稱，如圖 4-4-39 所
示，點擊「下一步」按鈕。

圖 4-4-39

第 12 步,設定傳輸節點主機相關參數,其中上行鏈路設定新建立的 nsx-uplink,IP 位址選擇自訂的 nsx-ip-pool 位址集區,其他參數可以選擇預設設定檔,如圖 4-4-40 所示,點擊「完成」按鈕。

圖 4-4-40

第 13 步,使用同樣的方式為其他主機安裝傳輸節點主機所需的套件,必須確保 NSX 設定狀態為「成功」,如圖 4-4-41 所示。

圖 4-4-41

至此，傳輸節點主機設定完成，對 ESXi 主機來說設定相對簡單。需要注意 ESXi 版本之間的匹配問題，同時要確保主機 NSX 設定處於「成功」狀態。

## 4.4.3　設定邏輯交換機

傳輸節點主機設定完成後，就可以建立邏輯交換機，然後將虛擬機器連結到邏輯交換機實現網路通訊。NSX-T 中的分段代表邏輯交換機。本節將介紹如何設定邏輯交換機。

第 1 步，輸入分段名稱，設定傳輸區域、子網等資訊，如圖 4-4-42 所示，點擊「保存」按鈕。

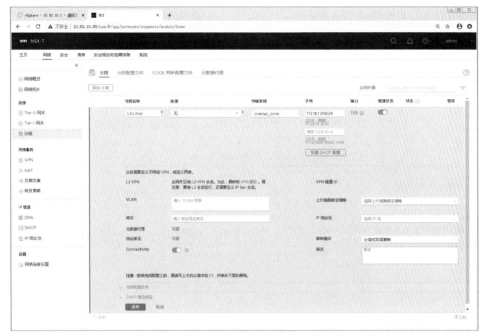

圖 4-4-42

第 2 步，成功建立分段，可以選擇是否繼續設定，如圖 4-4-43 所示。需要注意的是，NSX-T 設定中很多參數必須先保存後點擊「是」按鈕才能繼續下一步設定。

圖 4-4-43

第 3 步，完成名稱為 LS-Linux 分段的建立，如圖 4-4-44 所示。

圖 4-4-44

第 4 步，按照同樣的方式建立名稱為 LS-Windows 的分段，如圖 4-4-45 所示。

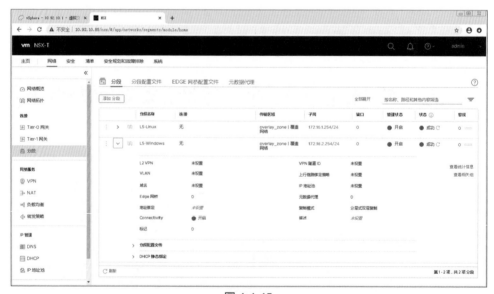

圖 4-4-45

第 5 步，查看 ESXi 主機上的虛擬交換機，可以看到新建的分段 LS-Linux 以及 LS-Windows，也就是邏輯交換機，未連結任何虛擬機器，如圖 4-4-46 所示。

第 6 步，將 CENTOS7-01 及 CENTOS7-02 虛擬機器網路遷移到 LS-Linux 分段，如圖 4-4-47 所示。

第 7 步，將 WIN2K16-01 虛擬機器網路遷移到 LS-Windows 分段，如圖 4-4-48 所示。

圖 4-4-46

圖 4-4-47

圖 4-4-48

第 8 步，在 CENTOS7-02 虛擬機器上測試網路的連通性，虛擬機器能夠 ping 通
其他虛擬機器，如圖 4-4-49 所示。

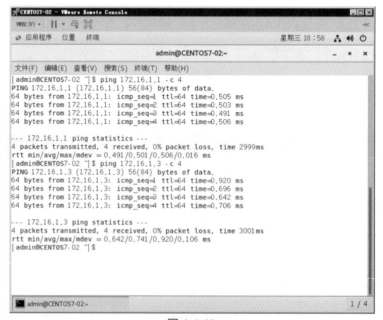

圖 4-4-49

第9步,在CENTOS-03虛擬機器ping處於同一分段的虛擬機器(需要說明的是,該虛擬機器位於其他 ESXi 主機),測試結果能夠 ping 通其他兩台虛擬機器,如圖 4-4-50 所示,說明處於同一分段的虛擬機器網路正常,即使不在同一台 ESXi 主機都能夠正常存取。

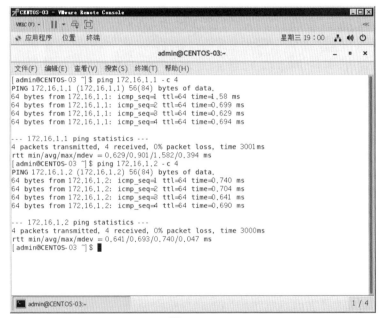

圖 4-4-50

第 10 步,在 WIN2K16-01 虛擬機器上 ping 同一分段的虛擬機器正常,但是 ping 不同分段的虛擬機器則不通,如圖 4-4-51 所示。出現此問題是因為沒有設定邏輯路由。

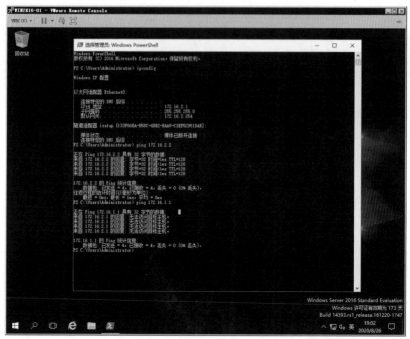

圖 4-4-51

第 11 步，查看 NSX-T 網路拓撲，可以看到分段所連結的虛擬機器，如圖 4-4-52
所示。兩個分段之間沒有邏輯路由，處於隔離狀態，所以無法相互存取。

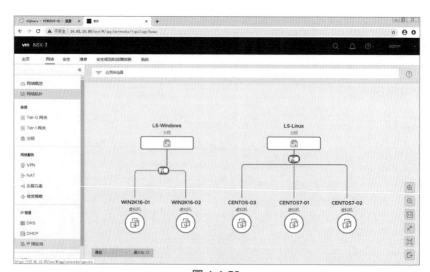

圖 4-4-52

至此，分段設定，也就是邏輯交換設定完成，整體的設定並不複雜。但需要注意的是，如果不設定邏輯路由，處於同一分段的虛擬機器可以相互存取，但無法存取外部，外部也無法存取處於分段中的虛擬機器。

## 4.4.4  設定邏輯路由

邏輯路由是整個 NSX-T 網路的核心部分，分為兩個部分：Tier-1 閘道（可以視為東西向路由），用於連接租戶；Tier-0 閘道（可以視為南北向路由），用於連接 Tier-1 及外部。本節將分別介紹 Tier-1 閘道和 Tier-0 閘道的設定方法。

1 · Tier-1 閘道設定（東西向路由）

第 1 步，新建一個 Tier-1 閘道，輸入閘道名稱 T1-GW，Tier-0 閘道及 Edge 叢集還未建立，不需要設定，如圖 4-4-53 所示，點擊「保存」按鈕。

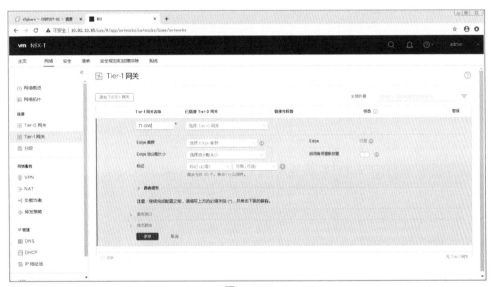

圖 4-4-53

第 2 步，將 LS-Linux 和 LS-Window 兩個分段連接到新建立的名稱為 T1-GW 的 Tier-1 閘道，如圖 4-4-54 所示。

圖 4-4-54

第 3 步，在 CENTOS-03 虛擬機器上進行測試，發現從 LS-Linux 網段存取 LS-Windows 網段正常，如圖 4-4-55 所示，說明東西向路由設定正確。

圖 4-4-55

第 4 步，查看網路拓撲，可以很直觀地看到 Tier-1 閘道將兩個分段連接在一起，實現了兩個分段之間的存取，如圖 4-4-56 所示。

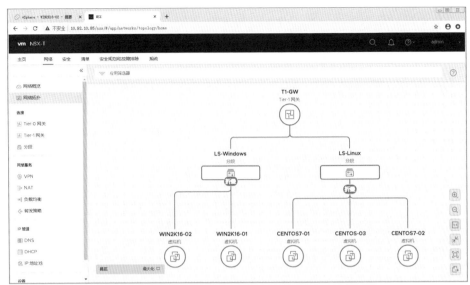

圖 4-4-56

至此，Tier-1 閘道設定完成，也可以視為內部租戶的路由設定完成。其內部之間的存取沒有問題，但是虛擬機器無法實現外部存取，接下來需要設定 Tier-0 閘道，來實現虛擬機器外部存取，以及從外部存取虛擬機器。

**2 · Tier-0 閘道設定（南北向路由）**

Tier-0 閘道的設定會建立用於連接外部的 Edge 虛擬機器，同時還需要分段的支援。

第 1 步，先建立用於連接 Edge 虛擬機器的分段 vlan_uplink，傳輸區域選擇 vlan_zone，VLAN 設定為 0，如圖 4-4-57 所示，點擊「保存」按鈕。

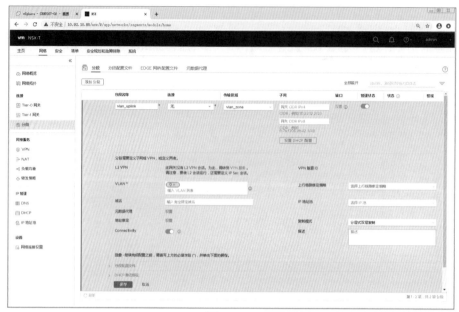

圖 4-4-57

第 2 步,部署 Edge 傳輸節點,點擊「增加 EDGE 虛擬機器」按鈕,如圖 4-4-58 所示。

圖 4-4-58

第 3 步,輸入 Edge 虛擬機器名稱,選擇其規格,如圖 4-4-59 所示,點擊「下一步」按鈕。

第 4 步,設定 Edge 虛擬機器使用的密碼,如圖 4-4-60 所示,點擊「下一步」按鈕。

第 5 步，設定 Edge 虛擬機器使用的運算資源，如圖 4-4-61 所示，點擊「下一步」
按鈕。此處選擇沒有參與傳輸節點設定的 ESXi 主機。

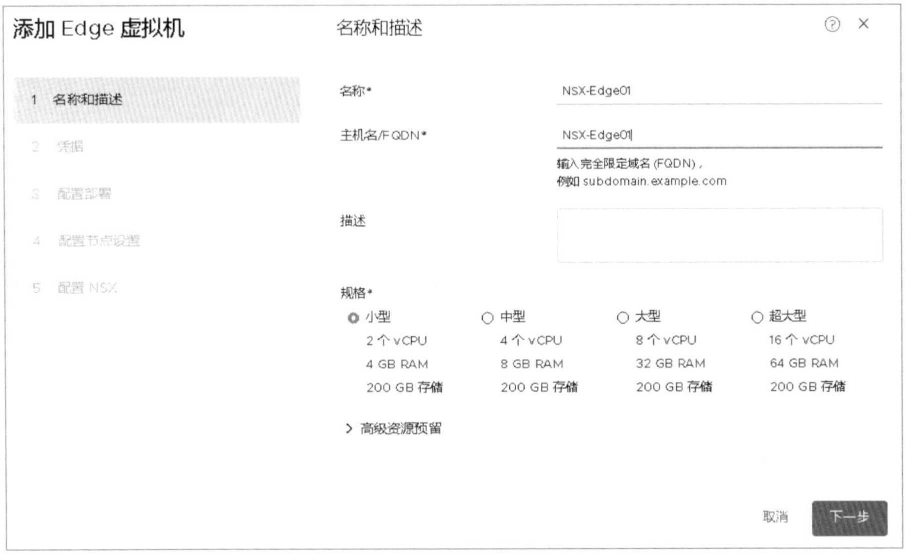

圖 4-4-59

圖 4-4-60

圖 4-4-61

第 6 步，設定 Edge 虛擬機器管理 IP，如圖 4-4-62 所示，點擊「下一步」按鈕。此處與 NSX Manager 虛擬機器使用同一網路。

圖 4-4-62

第 7 步，為 Edge 虛擬機器設定 NSX 相關參數，如圖 4-4-63 所示，點擊「完成」按鈕。

圖 4-4-63

第 8 步，開始建立 Edge 虛擬機器，如圖 4-4-64 所示。

第 9 步，按照同樣的方式增加另外 1 台 Edge 虛擬機器以便建立叢集，如圖 4-4-65 所示。必須確保設定狀態為「成功」。

第 10 步，增加 Edge 叢集。將新建立的 2 台 Edge 虛擬機器選定，如圖 4-4-66 所示，點擊「增加」按鈕。

圖 4-4-64

圖 4-4-65

添加 Edge 集群

| 名稱* | Edge-Cluster |
| 描述 | |

Edge 集群配置文件　nsx-default-edge-high-availability-profile

**传输节点**

成員類型　Edge 节点

| 可用 (0) | 选定 (2) |
| --- | --- |
| 未找到记录 | NSX-Edge01 |
| | NSX-Edge02 |

取消　　添加

圖 4-4-66

第 11 步，增加 Tier-0 閘道。輸入名稱 T0-GW，HA 模式選擇「主動 - 備用」，
故障切換選擇「非主動」，Edge 叢集選擇剛建立的「Edge Cluster」，如圖 4-4-67
所示，點擊「保存」按鈕。

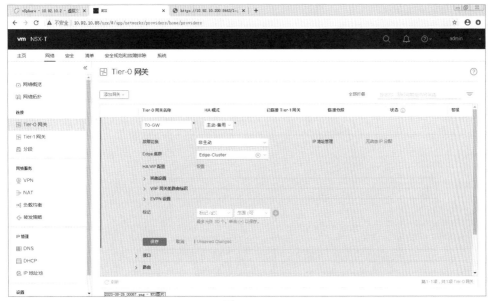

圖 4-4-67

第 12 步，必須保存後才能設定其他參數，如圖 4-4-68 所示，點擊「是」按鈕。

圖 4-4-68

第 13 步，介面設定為「外部介面和服務介面」，如圖 4-4-69 所示，點擊「設定」按鈕。

第 14 步，設定介面參數。類型選擇「外部」，IP 位址設定為外部 IP，已連接到（分段）選擇建立的分段「vlan_uplink」，Edge 節點選擇「NSX-Edge01」，如圖 4-4-70 所示，點擊「保存」按鈕。

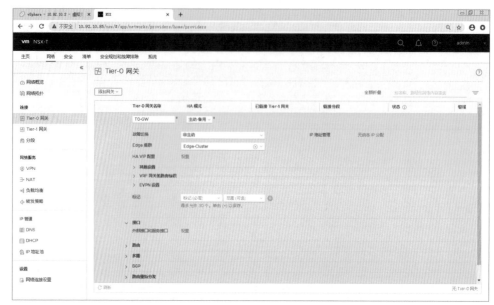

圖 4-4-69

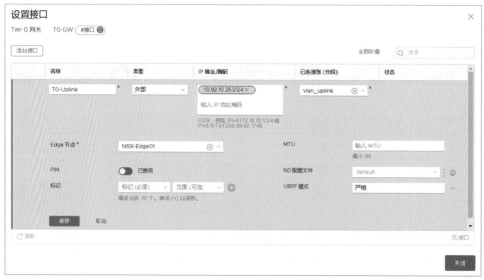

圖 4-4-70

第 15 步，完成外部介面設定，一定要確保其狀態為「成功」，否則無法連接
到外部進行通訊，如圖 4-4-71 所示。

第 16 步，登入 NSX-Edge01 虛擬機器，ping 外部介面，如果設定正確，則可以 ping 通，如圖 4-4-72 所示。

第 17 步，選擇設定「路由重新分發」，如圖 4-4-73 所示，點擊「設定」按鈕。

圖 4-4-71

圖 4-4-72

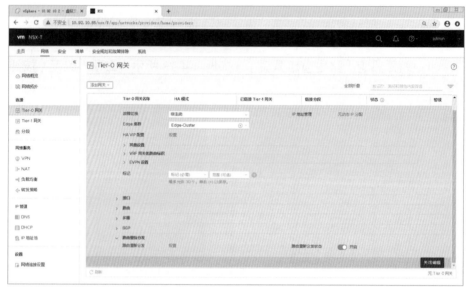

圖 4-4-73

第 18 步，設定路由重新分發。選取 Tier-0 子網和 Tier-1 子網靜態路由，以及已連接介面和分段，如圖 4-4-74 所示，點擊「應用」按鈕。

圖 4-4-74

第 19 步，將 Tier-1 閘道連結到 Tier-0 閘道，同時啟用路由通告，如圖 4-4-75 所示，點擊「保存」按鈕。

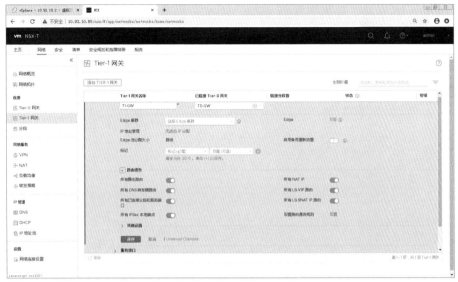

圖 4-4-75

第 20 步,在 CENTOS-03 虛擬機器上進行測試,發現可以 ping 通 Edge 虛擬機器外部介面,但無法 ping 通外部閘道位址,如圖 4-4-76 所示。這是由於沒有設定 NAT 位址轉換所導致的。

圖 4-4-76

第 21 步,增加 NAT 規則。操作選擇「SNAT」,來源選擇 LS-Linux 分段位址,已轉為 Edge 虛擬機器外部介面,如圖 4-4-77 所示,點擊「保存」按鈕。

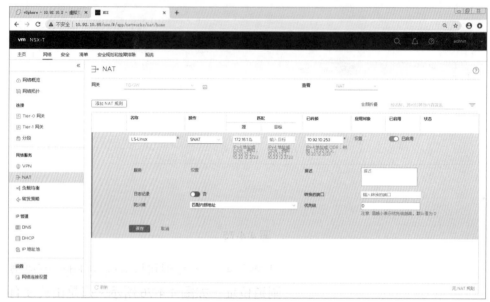

圖 4-4-77

第 22 步,按照同樣的方式增加 LS-Windows 分段的 NAT 位址轉換,如圖 4-4-78 所示。

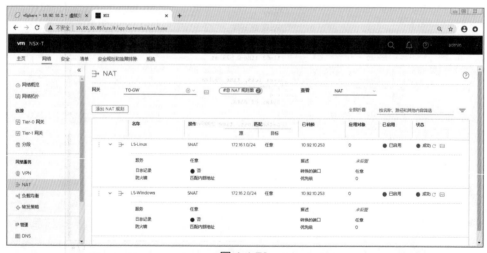

圖 4-4-78

第 23 步，在 CENTOS-03 虛擬機器上進行測試，發現已經可以 ping 通外部物理交換機閘道，同時，可以 ping 通 NSX Manager 叢集 IP 位址，如圖 4-4-79 所示。這說明 Tier-0 閘道基本設定完成，也可以視為南北向路由設定完成。

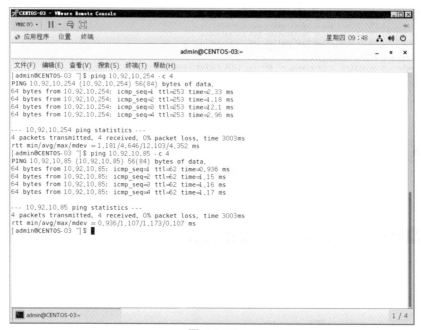

圖 4-4-79

第 24 步，在 CENTOS-03 虛擬機器上 ping 阿里雲及百度，發現均不能存取，如圖 4-4-80 所示。這是因為 Tier-0 閘道沒有去往外部的路由。

第 25 步，設定靜態路由，如圖 4-4-81 所示，點擊「設定」按鈕。

第 26 步，設定一條 0.0.0.0/0 預設路由，如圖 4-4-82 所示，點擊「設定下一躍點」按鈕。生產環境中可以根據具體情況進行設定。

第 27 步，設定下一躍點，IP 位址選擇為外部閘道位址，如圖 4-4-83 所示，點擊「增加」按鈕。

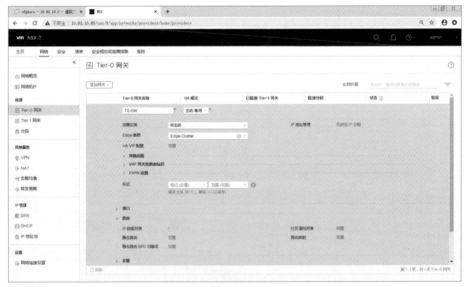

圖 4-4-80

圖 4-4-81

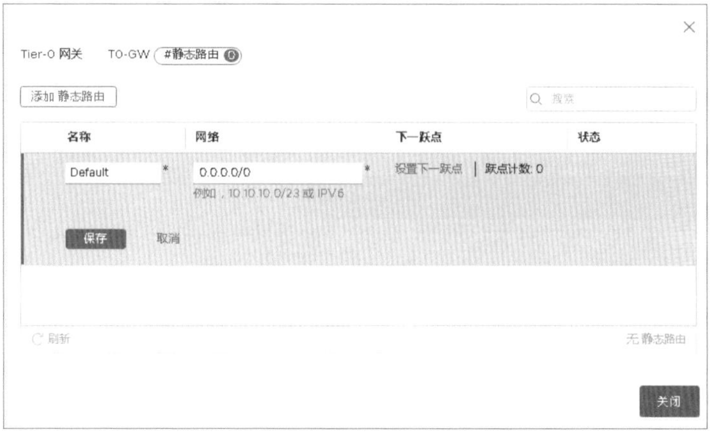


圖 4-4-82

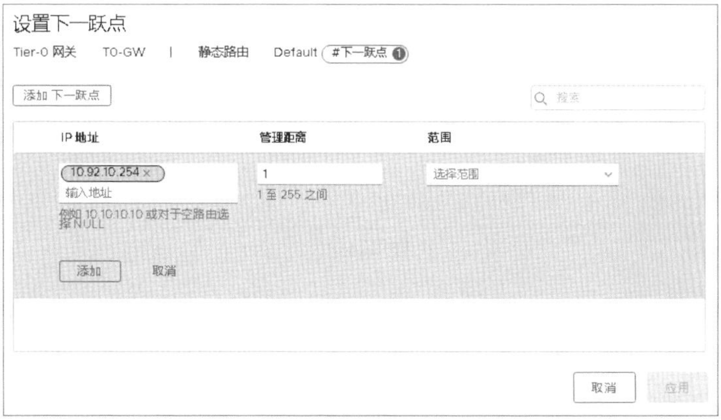


圖 4-4-83

第 28 步，完成靜態路由增加，確保狀態為「成功」，如圖 4-4-84 所示，點擊「關閉」按鈕。

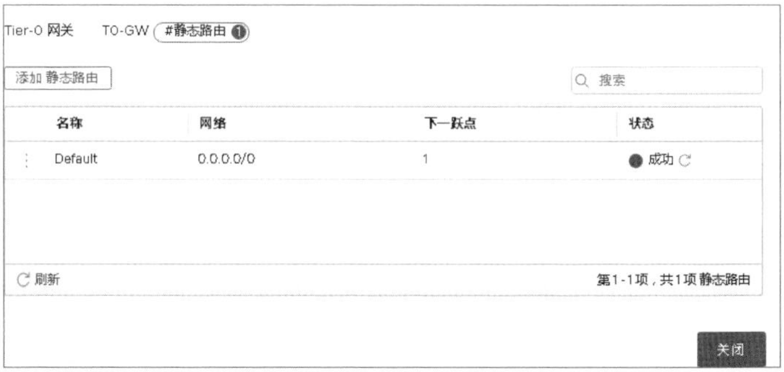


圖 4-4-84

第 29 步，在 CENTOS-03 虛擬機器上 ping 阿里雲及百度，發現均可正常存取，如圖 4-4-85 所示。

圖 4-4-85

第 30 步，在 WIN2K16 虛擬機器上查看路由走向，虛擬機器 IP 位址到達 LS-Windows 閘道後，透過 Tier1 及 Tier0 閘道存取到外部物理交換機，從而實現了分段中虛擬機器存取外部的目的，如圖 4-4-86 所示。

圖 4-4-86

至此，Tier1 及 Tier0 閘道基本設定完成，分段中的虛擬機器實現了內部及外部的存取。需要說明的是，邏輯路由在生產環境中的控制及設定可能更複雜，但基本的原理相同。最後，物理交換機也需要進行路由設定才能存取分段中的虛擬機器。

## ▶ 4.5 本章小結

本章介紹了 VMware vSphere 7.0 網路的基本概念，以及如何在生產環境中設定和使用標準交換機與分散式交換機，最後對 VMware 最新的軟體定義網路 NSX-T 進行了講解，使用者可以根據生產環境的實際情況選擇使用網路。

## ▶ 4.6 本章習題

1． 請詳細描述 VMware vSphere 架構中的網路元件。

2． 請詳細描述在虛擬網路中如何實現 VLAN。

3． 請詳細描述 NIC Teaming 負載平衡原理及限制。

4． 請詳細描述標準交換機、分散式交換機的區別。

5． 在生產環境中，應該如何對網路流量進行分流？

6． 標準交換機、分散式交換機都可以對流量進行控制，兩者的區別是什麼？

7． 在生產環境中，是否必須設定 NIC Teaming ？

8． NSX-T 是否可以取代傳統的物理交換機、防火牆等裝置？

# 第 5 章
# 部署和使用儲存

無論是傳統資料中心還是 VMware vSphere 虛擬化資料中心，存放裝置都是保證資料中心正常運行的關鍵裝置之一。作為企業虛擬化架構實施人員或管理人員，必須考慮如何在企業生產環境中建構高可用儲存環境，以保證虛擬化架構的正常運行。IBM、HP、EMC 等專業級存放裝置可以提供大容量、高容錯、多儲存即時同步等功能，但相對來說價格昂貴，VMware 也推出了自己的軟體定義儲存 Virtual SAN 解決方案。本章將介紹生產環境中常用 iSCSI、Virtual SAN 儲存，以及原生裝置映射的設定。

【本章要點】
- VMware vSphere 支援的儲存介紹
- 設定和使用 iSCSI 儲存
- 設定和使用 Virtual SAN 儲存
- 設定和使用原生裝置映射

## ▶ 5.1 VMware vSphere 支援的儲存介紹

VMware vSphere 對於儲存的支援是非常完整的，不僅支援傳統儲存，如 FC SAN、iSCSI、NFS 等，而且提供了對最新的軟體定義儲存 VMware Virtual SAN 的支援。

### 5.1.1 常見儲存類型

VMware vSphere 支援的儲存非常多，目前支援的類型如下。

### 1 · 本機存放區

傳統的伺服器都設定有本地磁碟，對 ESXi 主機來説，這就是本機存放區，也是基本存放裝置之一。本機存放區可以用來安裝 ESXi、放置虛擬機器等，但使用本機存放區，虛擬化架構所有的進階特性，如 vMotion、HA、DRS 等功能均無法使用。

### 2 · FC SAN 儲存

FC SAN 是 VMware 官方推薦的儲存之一，能夠大幅地發揮虛擬化架構的優勢，虛擬化架構所有的進階特性，如 vMotion、HA、DRS 等功能均可實現。同時，FC SAN 儲存可以支援 ESXi 主機 FC SAN BOOT，缺點是需要 FC HBA 卡、FC 交換機、FC 儲存支援，投入成本較高。

### 3 · iSCSI 儲存

相對 FC SAN 儲存來説，iSCSI 是相對便宜的 IP SAN 解決方案，也被稱為 VMware vSphere 儲存對比值最高的解決方案。它可以使用普通伺服器安裝 iSCSI Target Software 來實現，同時支援 SAN BOOT 啟動（取決於 iSCSI HBA 卡是否支援 BOOT）。部分觀點認為，iSCSI 儲存存在傳輸速率較慢、CPU 佔用率較高等問題。如果使用 10GE 網路、硬體 iSCSI HBA 卡，可以在一定程度上解決此問題。

### 4 · NFS 儲存

NFS 是中小企業使用最多的網路檔案系統之一。其最大的優點是設定管理簡單，而且虛擬化架構的主要進階特性，如 vMotion、HA、DRS 等功能均可實現。

## 5.1.2　FC SAN 介紹

FC 全稱為 Fibre Channel，目前多數的翻譯為「光纖通道」，實際上比較準確的翻譯應為「網狀通道」。FC 最早是 HP、Sun、IBM 等公司組成的 R&D 實驗室中的一項研究項目，早期採用同軸電纜進行連接，後來發展到使用光纖連接，因此人們也就習慣將其稱為光纖通道。

FC SAN 全稱為 Fibre Channel Storage Area Network，中文翻譯為「光纖 / 網狀通道儲存區域網路」，是一種將存放裝置、連接裝置和介面整合在一個高速網路

中的技術。SAN 本身就是一個儲存網路,承擔了資料儲存任務,SAN 與 LAN 業務網路相隔離,儲存資料流程不會佔用業務網路頻寬,使儲存空間得到更加充分的利用,安裝和管理也更加有效。

FC SAN 儲存一般包括以下 3 個部分。

### 1·FC SAN 伺服器

如果要使用 FC SAN 儲存,網路中必須存在一台 FC SAN 伺服器,用於提供儲存服務。目前主流的儲存廠商如 EMC、DELL 等都可以提供專業的 FC SAN 伺服器,其價格根據控制器型號、儲存容量,以及其他可以使用的進階特性來決定。

另外一種方法是購置普通的 PC 伺服器,安裝 FC SAN 儲存軟體和 FC HBA 卡來提供 FC SAN 儲存服務,這樣的實現方式價格相對便宜。

### 2·FC HBA 卡

無論是 FC SAN 伺服器還是需要連接 FC SAN 儲存的用戶端伺服器,都需要設定 FC HBA 卡,用於連接 FC SAN 交換機。目前市面上常用的 FC HBA 卡主要分為單通訊埠和雙通訊埠兩種,也有滿足特殊需求的多通訊埠 FC HBA 卡。比較主流的 FC HBA 卡速率為 16Gbit/s 或 32Gbit/s,64Gbit/s 價格相對較高,因此使用相對較少。

### 3·FC SAN 交換機

對 FC SAN 伺服器,以及需要連接 FC SAN 儲存的用戶端伺服器來說,很少會直接進行連接,大多數生產環境中會使用 FC SAN 交換機,這樣可以增加 FC SAN 的安全性,並且提供容錯等特性。目前市面上常用的 FC SAN 交換機主要有博科、Cisco 等品牌。FC SAN 通訊埠數和支援的速率可以參考 FC SAN 交換機的相關文件。

## 5.1.3 FCoE 介紹

FCoE,全稱為 Fibre Channel over Ethernet,中文翻譯為「乙太網路光纖通道」。FCoE 技術標準允許將光纖通道映射到乙太網路,可以將光纖通道資訊插入乙太網路資料封包內,從而讓伺服器至 SAN 存放裝置的光纖通道請求和資料可

以透過乙太網路連接來傳輸，而無須專門的光纖通道結構就可以在乙太網路上傳輸 SAN 資料。FCoE 允許在一根通訊纜線上實現 LAN 和 FC SAN 通訊，融合網路可以支援 LAN 和 FC SAN 資料類型，減少了資料中心裝置和纜線數量，同時降低了供電和製冷負載，收斂成一個統一的網路後，需要支援的點也跟著減少，有助降低管理負擔。

FCoE 針對的是 10GE 網路，其應用的優點是在維持原有服務的基礎上，可以大幅減少伺服器上的網路介面數量（同時減少了電纜、節省了交換機通訊埠和減少了管理員需要管理的控制點數量），從而降低功耗，給管理帶來了方便。FCoE 是透過增強的 10GE 網路技術實現的，通常稱為資料中心橋接（Data Center Bridging，DCB）或融合增強型乙太網路（Converged Enhanced Ethernet，CEE），使用隧道協定，如 FCIP 和 iFCP 能夠傳輸長距離 FC 通訊，但 FCoE 是一個二層封裝協定，本質上使用的是乙太網路物理傳輸協定傳輸 FC 資料。

在生產環境中使用 FCoE，一般來說需要使用比較特殊的交換機，不但需要能夠承載 10GE 流量，而且還需要能夠承載 FC 流量。

### 5.1.4　iSCSI 儲存介紹

iSCSI，全稱為 Internet Small Computer System Interface，中文翻譯為「小型電腦系統介面」。其基於 TCP/IP 協定，用來建立和管理 IP 存放裝置、主機和客戶端裝置等裝置之間的相互連接，並建立儲存區域網路（SAN）。SAN 使得 SCSI 協定應用於高速資料傳輸網路成為可能，這種傳輸以資料區塊級別在多個資料儲存網路間進行。

iSCSI 儲存的最大好處是能夠在不增加專業裝置的情況下，利用已有伺服器及乙太網路環境快速架設。雖然其性能和頻寬與 FC SAN 儲存還有一些差距，但整體能為企業節省 30% ～ 40% 的成本。相對 FC SAN 儲存來說，iSCSI 儲存是便宜的 IP SAN 解決方案，也被稱為 Vmware vSphere 儲存對比值最高的解決方案。如果企業沒有 FC SAN 儲存的費用預算，可以使用普通伺服器安裝 iSCSI Target Software 來實現 iSCSI 儲存，iSCSI 儲存還支援 SAN BOOT 啟動（取決於 iSCSI Target Software 及 iSCSI HBA 卡是否支援 BOOT）。

需要注意的是，目前 85% 的 iSCSI 儲存在部署過程中只採用 iSCSI Initiator 軟體方式實施，對於 iSCSI 傳輸的資料將使用伺服器 CPU 進行處理，這樣會額外增加伺服器 CPU 的使用率。所以，在伺服器方面，使用 TCP 移除引擎（TCP Offload Engine，TOE）和 iSCSI HBA 卡可以有效節省 CPU，尤其是對速度較慢但注重性能的應用程式伺服器。

## 5.1.5　NFS 介紹

NFS，全稱為 Network File System，中文翻譯為「網路檔案系統」。它是由 Sun 公司研製的 UNIX 展現層協定（presentation layer protocol），能讓使用者存取網路上別處的檔案，就像在使用自己的電腦一樣。NFS 是基於 UDP/IP 協定的應用，其實現主要是採用遠端程序呼叫（Remote Procedure Call，RPC）機制，RPC 提供了一組與機器、作業系統及底層傳輸協定無關的存取遠端檔案的操作。RPC 採用了 XDR 的支援。XDR 是一種與機器無關的資料描述編碼的協定，以獨立於任意機器系統結構的格式對網上傳送的資料進行編碼和解碼，支援異質系統之間資料的傳輸。

NFS 是 UNIX 和 Linux 系統中最流行的網路檔案系統之一。此外，Windows Server 也將 NFS 作為一個元件，增加設定後可以讓 Windows Server 提供 NFS 儲存服務。

## 5.1.6　Virtual SAN 介紹

vSAN，全稱為 Virtual SAN，是 VMware 的超融合軟體解決方案。Virtual SAN 透過內嵌的方式整合於 VMware vSphere 虛擬化平台，可以為虛擬機器應用提供經過快閃記憶體最佳化的超融合儲存。Virtual SAN 對儲存進行了虛擬化，在提供存取共用儲存目標與路徑的同時具備資料層控制功能，並能夠基於伺服器硬體建立策略驅動的儲存。實際上，Virtual SAN 就是一種資料儲存方式，其所有與儲存相關的控制工作放在相對於物理儲存硬體的外部軟體中，這個軟體不是作為存放裝置中的韌體，而是在一個伺服器上作為作業系統（Operating System，OS）或 Hypervisor 的一部分。Virtual SAN 被整合到 VMware vSphere 中，並與 VMware vSphere 高可用、分散式資源排程及 vMotion 深度整合在一起，透過 Web Client 進行管理。Virtual SAN 最大的好處在於即使底層物理架構儲存

亂七八糟、面目全非，但是 Virtual SAN 是透明的，上面的應用、中介軟體與
資料庫等部署方式仍然不會發生變化，那麼在其上的程式與業務邏輯也不會發
生變化。

## ▶ 5.2　設定和使用 iSCSI 儲存

iSCSI 儲存作為虛擬化架構中對比值最高的儲存，在生產環境中得到大量部署
使用。本節將介紹如何在 ESXi 主機上設定和使用 iSCSI 儲存。

### 5.2.1　SCSI 協定介紹

在 了 解 iSCSI 協定前，需 要 了 解 SCSI。SCSI 全 稱 是 Small Computer System
Interface，即小型電腦介面。SCSI 是 1979 年由美國的施加特公司（希捷的前身）
研發並制定，由美國國家標準協會（American National Standards Institute，
ANSI）公佈的介面標準。SCSI Architecture Model（SAM-3）用一種較鬆散的方
式定義了 SCSI 的系統架構。

SCSI Architecture Model-3，是 SCSI 系統模型的標準規範，它自底向上分為 4 個
層次。

（1）物理連接層（Physical Interconnects）：如 Fibre Channel Arbitrated Loop、
Fibre Channel Physical Interfaces。

（2）SCSI 傳 輸 協 定 層（SCSI Transport Protocols）： 如 SCSI Fibre Channel
Protocol、Serial Bus Protocol、Internet SCSI。

（3）共用指令集（SCSI Primary Command）：適用於所有裝置類型。

（4）專用指令集（Device-Type Specific Command Sets）：如區塊裝置指令集
（SCSI Block Commands，SBC）、串流裝置指令集（SCSI Stream Commands，
SSC）、多媒體指令集 MMC（SCSI-3 Multimedia Command Set）。

簡單地說，SCSI 定義了一系列規則提供給 I/O 裝置，用以請求相互之間的服務。
每個 I/O 裝置稱為「邏輯單元」（Logical Unit，LU）；每個邏輯單元都有唯
一的位址來區分它們，這個位址稱為「邏輯單元號」（Logical Unit Number，
LUN）。SCSI 模型採用用戶端 / 伺服器（Client/Server，C/S）模式，用戶端稱

為 Initiator，伺服器稱為 Target。資料傳輸時，Initiator 向 Target 發送 request，Target 回應 response，在 iSCSI 協定中也沿用了這套想法。

## 5.2.2　iSCSI 協定基本概念

iSCSI 協定是整合了 SCSI 協定和 TCP/IP 協定的新協定。它在 SCSI 基礎上擴充了網路功能，可以讓 SCSI 命令透過網路傳送到遠端 SCSI 裝置上，而 SCSI 協定只能存取本地的 SCSI 裝置。iSCSI 是傳輸層之上的協定，使用 TCP 連接建立階段。在 Initiator 端的 TCP 通訊埠編號隨機選取，Target 的通訊埠編號預設是 3260。iSCSI 採用客戶 / 伺服器模型，用戶端稱為 Initiator，伺服器端稱為 Target。

（1）Initiator：通常指使用者主機系統，使用者產生 SCSI 請求，並將 SCSI 命令和資料封裝到 TCP/IP 封包中發送到 IP 網路中。

（2）Target：通常存在於存放裝置上，用於轉換 TCP/IP 封包中的 SCSI 命令和資料。

## 5.2.3　iSCSI 協定名稱規範

在 iSCSI 協定中，Initiator 和 Target 是透過名稱進行通訊的，因此，每一個 iSCSI 節點（即 Initiator）必須擁有一個 iSCSI 名稱。iSCSI 協定定義了 3 類名稱結構。

**1 · iqn（iSCSI Qualified Name）**

其格式為「iqn」+「年月」+「.」+「域名的顛倒」+「:」+「裝置的具體名稱」。之所以顛倒域名是為了避免可能的衝突。

**2 · eui（Extend Unique Identifier）**

eui 來自 IEEE 中的 EUI，其格式為「eui」+「64bits 的唯一標識（16 個字母）」。64bits 中，前 24bits（6 個字母）是公司的唯一標識，後面 40bits（10 個字母）是裝置的標識。

**3 · naa（Network Address Authority）**

由於 SAS 協定和 FC 協定都支援 naa，因此 iSCSI 協定也支援這種名稱結構。naa 格式為「naa」+「64bits（16 個字母）或 128bits（32 個字母）的唯一標識」。

## 5.2.4　設定 ESXi 主機使用 iSCSI 儲存

了解 iSCSI 儲存的基本概念後，就可以設定 iSCSI 儲存了。本節將介紹如何設定 ESXi 主機使用 iSCSI 儲存。

第 1 步，查看 ESXi 主機的儲存介面卡設定，點擊「增加軟體介面卡」按鈕，在彈出的對話方片中選擇「增加軟體 iSCSI 介面卡」，如圖 5-2-1 所示，點擊「確定」按鈕。生產環境中多數使用伺服器附帶的乙太網路卡作為軟體 iSCSI 介面卡。

第 2 步，軟體 iSCSI 介面卡增加完成，介面卡名稱為「vmhba66」，如圖 5-2-2 所示。

第 3 步，增加 iSCSI 發送目標伺服器，iSCSI 伺服器預設通訊埠為 3260，如圖 5-2-3 所示，點擊「確定」按鈕。

圖 5-2-1

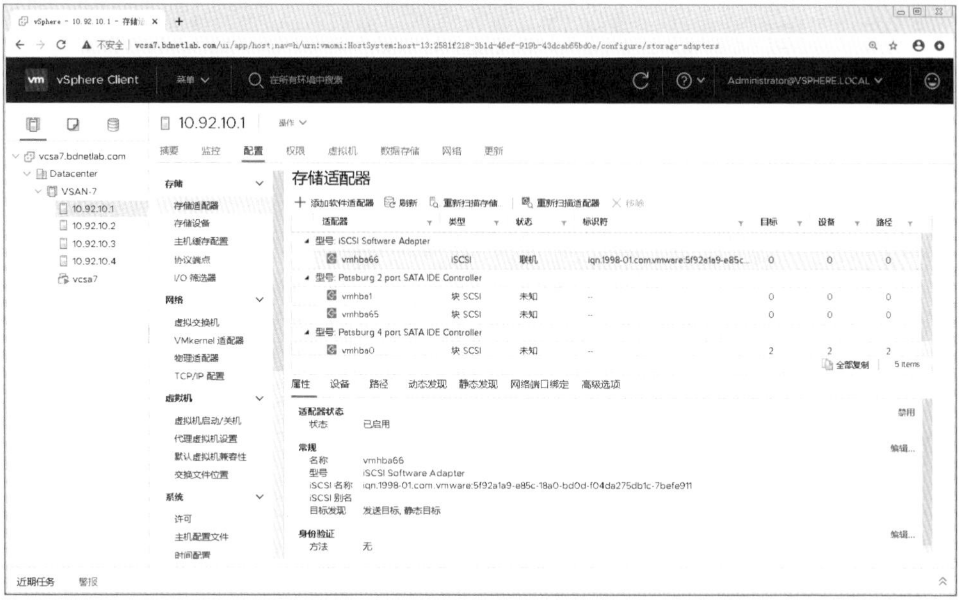

圖 5-2-2

圖 5-2-3

第 4 步，修改儲存設定後系統會建議重新掃描 vmhba66，如圖 5-2-4 所示，點擊「重新掃描介面卡」按鈕。

圖 5-2-4

第 5 步，掃描完成後可以看到 iSCSI 儲存，如圖 5-2-5 所示。需要說明的是，
ESXi 主機只是一個 iSCSI 用戶端，僅連接 iSCSI 儲存，更多的設定在 iSCSI 儲存
伺服器及網路中進行，如果看不到儲存可以檢查 iSCSI 儲存設定。

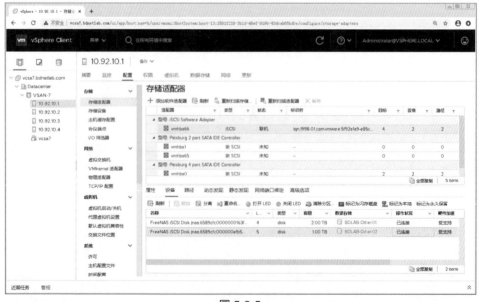

圖 5-2-5

第 6 步，如果 iSCSI 儲存已經被設定使用，則可以在「資料儲存」介面中進行查看，如圖 5-2-6 所示。需要注意的是，如果儲存未被使用，需要新建儲存。

圖 5-2-6

至此，設定 ESXi 主機使用 iSCSI 儲存完成。再次強調，ESXi 主機只是一個 iSCSI 用戶端，僅連接 iSCSI 儲存，其設定參數非常少，更多的設定在 iSCSI 儲存中，如果看不到儲存可檢查 iSCSI 儲存或網路設定。

## 5.2.5 設定 ESXi 主機綁定 iSCSI 流量

生產環境中，為了保證 iSCSI 傳輸效率，特別是在 1Gbit/s 網路環境中使用 iSCSI 儲存，一般會使用獨立的網路卡綁定 iSCSI 流量，其他流量不佔用該網路卡。本節將介紹如何設定 ESXi 主機綁定 iSCSI 流量。

第 1 步，查看 ESXi 主機的 VMkernel 介面卡設定，可以發現管理網路和 iSCSI 流量網路共用 vSwitch0，如圖 5-2-7 所示。

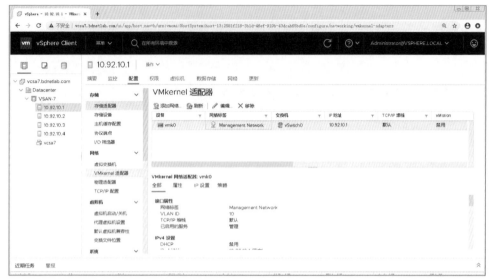

圖 5-2-7

第 2 步，增加新的 VMkernel 介面卡運行 iSCSI 流量，如圖 5-2-8 所示。

圖 5-2-8

第 3 步，查看儲存介面卡設定，此時網路通訊埠綁定未設定，所以為空，如
圖 5-2-9 所示，點擊「增加」按鈕。

圖 5-2-9

第 4 步，增加剛建立的 vmk1 通訊埠組並與 iSCSI 進行綁定，如圖 5-2-10 所示，
點擊「確定」按鈕。

圖 5-2-10

第 5 步，修改儲存設定後系統會建議重新掃描 vmhba66，如圖 5-2-11 所示，
點擊「重新掃描介面卡」按鈕。

圖 5-2-11

第 6 步，掃描完成後，綁定 iSCSI 流量的 vmk1 路徑處於「活動」狀態，如圖 5-2-12 所示，說明綁定成功。

至此，綁定 iSCSI 流量設定完成。生產環境中建議綁定 iSCSI 流量及多個網路卡運行 iSCSI 是常見的設定，這樣的設定能夠實現容錯，避免單點故障。

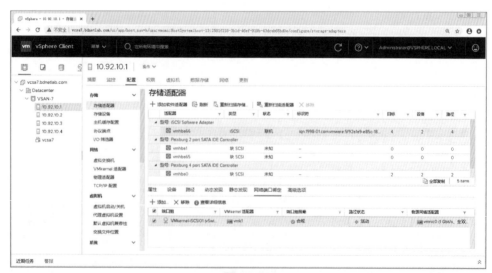

圖 5-2-12

## ▶ 5.3 設定和使用 Virtual SAN 儲存

Virtual SAN 是 VMware 的超融合解決方案，Virtual SAN 使用內嵌的方式整合於 VMware vSphere 虛擬化平台，可以為虛擬機器應用提供經過快閃記憶體最佳化的超融合儲存。從 2014 年 3 月推出正式版本 Virtual SAN 5.5 開始，至 2020 年 4 月推出的 Virtual SAN 7.0，短短幾年時間 Virtual SAN 經歷了多個版本的升級。作者寫作本書的時候，Virtual SAN 版本 7.0 Update 1 已發佈。本節將介紹在生產環境中如何部署和使用 Virtual SAN 7.0 儲存。

### 5.3.1 Virtual SAN 各版本功能介紹

從 Virtual SAN 儲存第一個版本到本書寫作時使用的 Virtual SAN 7.0，其版本升級非常迅速，新發佈的版本不僅修補了舊版本的 BUG，而且增加了許多新特性。在開始部署和使用 Virtual SAN 之前，需要了解各個 Virtual SAN 版本所具有的功能和特性。

**1**· Virtual SAN 5.5

Virtual SAN 5.5 被稱為第一代 Virtual SAN，整合於 VMware vSphere 5.5 U1 中。該版本具有軟體定義儲存的基本功能，VMware vSphere 的一些進階特性無法在 Virtual SAN 5.5 上使用。從生產環境使用上看，Virtual SAN 5.5 基本用於測試。

**2**· Virtual SAN 6.0

Virtual SAN 6.0 為第二代 Virtual SAN，整合於 VMware vSphere 6.0 中。該版本不僅修復了 Virtual SAN 5.5 存在的一些 BUG，而且增加了大量新的功能。其主要新增功能如下。

- 支援混合架構及全快閃記憶體架構。
- 支援透過設定故障域（機架感知）使 Virtual SAN 叢集免於機架故障。
- 支援在刪除 Virtual SAN 儲存前將 Virtual SAN 資料移轉。
- 支援硬體層面的資料驗證、檢測並解決磁碟問題，從而提供更高的資料完整性。
- 支援運行狀態服務監控，可以監控 Virtual SAN，以及叢集、網路、物理磁碟的狀況。

### 3 · Virtual SAN 6.1

Virtual SAN 6.1 為第三代 Virtual SAN，整合於 VMware vSphere 6.0 U1 中。該版本在 Virtual SAN 6.0 的基礎上再次增加了新的功能，其主要新增功能如下。

* 支援延伸叢集，也就是使用 Virtual SAN 建構主備同時上線資料中心。延伸叢集支援橫跨兩個地理位置的叢集，這樣可以大幅保護資料不受 Virtual SAN 網站故障或網路故障的影響。

* 支援 ROBO（遠端辦公室分支機構），支援使用兩節點方式部署 Virtual SAN，可以透過延伸叢集功能，把見證主機放在總部資料中心，以簡化 Virtual SAN 部署。

* 支援統一的磁碟組宣告。在建立 Virtual SAN 時，可統一宣告磁碟組的容量層與快取層。

* 支援 Virtual SAN 磁碟線上升級，可以透過管理端線上將 Virtual SAN 磁碟格式升級到 2.0。

### 4 · Virtual SAN 6.2

Virtual SAN 6.2 為第四代 Virtual SAN。該版本在 Virtual SAN 6.1 基礎上增加了更多更實用的特性。其主要新增功能如下。

* 支援對全快閃記憶體架構的 Virtual SAN 資料去重，並採用 LZ4 演算法對容量層資料進行壓縮。

* 支援透過糾刪碼對 Virtual SAN 資料進行跨網路的 RAID 5/6 等級的資料保護。

* 支援對不同虛擬機器設定不同的 IOPS。

* 支援純 IPv6 運行模式。

* 支援軟體層面的資料驗證、檢測並解決磁碟問題，從而提供更高的資料完整性。

### 5 · Virtual SAN 6.5

Virtual SAN 6.5 為第五代 Virtual SAN。該版本在 Virtual SAN 6.2 基礎上再次增加了新的特性。其主要新增功能如下。

* 支援將 Virtual SAN 設定為 iSCSI Target，透過 iSCSI 支援來連接非虛擬化工作負載。

- 透過直接使用交換電纜連線兩個節點來消除路由器 / 交換機成本，降低 ROBO 成本。

- 擴充了對容器和 CNA 的支援，可以使用 Docker、Swarm、Kubernetes 等隨時開展工作。

- Virtual SAN 6.5 標準版本提供對全快閃記憶體硬體的支援，降低了建構成本。

## 6 · Virtual SAN 6.6

Virtual SAN 6.6 為第六代 Virtual SAN。該版本是業界首個原生 HCI 安全功能、高度可用的延伸叢集，同時將關鍵業務和新一代工作負載的全快閃記憶體性能提高了 50%。其主要新增功能如下。

- 針對靜態資料的原生 HCI 加密解決方案，可以保護關鍵資料免遭不利存取。Virtual SAN 加密具有硬體獨立性並簡化了金鑰管理，因而可降低成本並提高靈活性。不再要求部署特定的自加密驅動器。Virtual SAN 加密還支援雙因素身份驗證（SecurID 和 CAC），因而能夠極佳地保證符合規範性。另外，它還是首個採用 DISA 標準的 STIG 的 HCI 解決方案。

- 支援單一傳播網路連接，以幫助簡化初始 Virtual SAN 設定。可以為 Virtual SAN 網路連接使用單一傳播，不再需要設定多播。這使得 Virtual SAN 可以在更廣泛的本地和雲端環境中部署而無須更改網路。

- 最佳化的資料服務進一步擴大了 Virtual SAN 的性能優勢。具體而言，與以前的 Virtual SAN 版本相比，它可將每台全快閃記憶體主機的 IOPS 提升 50% 之多。提升的性能有助加快關鍵任務應用的速度，並提供更高的工作負載整合率。

- 借助對最新快閃記憶體技術的現成支援，客戶可加快新硬體的採用。此外，Virtual SAN 現在還提供更多的快取驅動器選擇（包括 1.6TB 快閃記憶體），方便客戶使用更大容量的最新快閃記憶體。

- 經驗證的全新系統結構為部署 Splunk、Big Data 和 Citrix 等新一代應用提供了一條行之有效的途徑。此外，Photon Platform 1.1 中提供了適用於 Photon 的 Virtual SAN，而新的 Docker Volume Driver 則提供了對多租戶、基於策略的管理、快照和複製的支援。

- 借助新增的永不停機保護功能，Virtual SAN 可確保使用者的應用正常運行和使用，而不會受潛在的硬體問題的影響。新的降級裝置處理功能可智慧

地監控驅動器的運行狀況，並在發生故障前主動撤出資料。新的智慧驅動器重建和部分重建功能可在硬體發生故障時恢復更快，並降低叢集流量以提高性能。

## 7・Virtual SAN 6.7

Virtual SAN 6.7 為第七代 Virtual SAN，VMware vSphere 6.7 可以説是為了 Virtual SAN 6.7 而發佈的，可見 Virtual SAN 6.7 產品的重要性。其主要新增功能如下。

- 全新的啟動式叢集建立和擴充工作流提供了全面的精靈，可協助管理員完成初始和後續運行維護。此工作流可確保所有步驟均按正確的順序完成，讓管理員胸有成竹地建構叢集，包括延伸叢集。

- VUM 可讓管理員針對整個叢集執行一致的生命週期管理。此次更新實現了 DELL、Fujitsu、SuperMicro 和 Lenovo 等大廠 vSAN ReadyNode 主機 I/O 控制器韌體和驅動程式修補的自動化。運行狀況檢查可提醒客戶有可用的新更新程式。VUM 可為 HCI 叢集提供自動化的更新程式管理，還可管理計算和儲存韌體。

- 智慧維護模式可在維護操作期間確保一致的應用性能和恢復能力。Virtual SAN 會提醒使用者，進入維護模式的主機會影響性能；如果預測維護不會成功，還能主動將其停止，從而提供一定的防護。

- Virtual SAN 的 UI 中增加了新的進階叢集設定，並在其 Power CLI 中增加了一些新的 cmdlet 命令。此外，在更換 vCenter Server 或從故障中恢復 vCenter Server 等場景中，Virtual SAN 可自動備份和恢復 SPBM 策略。

- UNMAP 可自動執行空間回收，減少了應用所用的容量。Virtual SAN 與客戶端裝置作業系統發起的 SCSI UNMAP 請求相整合，可在刪除或截斷客戶端裝置作業系統檔案後釋放空間。此外，此功能還可避免在容量層轉儲未使用的資料。

- 在延伸叢集場景中實現靈活的網路拓撲結構。這樣，見證就可以採用比 Virtual SAN 資料流量低的 MTU，從而幫助企業保護對網路基礎架構進行的投資。

- 運行狀況服務增強功能加快了自助服務的速度，使客戶可以更快地解決問題。此版本的更新包括：主動式網路性能測試、能夠透過 UI 進行靜默運行狀況檢查、減少了一些運行狀況檢查的誤報，以及運行狀況檢查摘要（可

在一個位置顯示所有運行狀況檢查的狀態,每筆記錄中均包含簡短描述和建議的操作)。

## 8 · Virtual SAN 7.0

Virtual SAN 7.0 為第八代 Virtual SAN,隨 VMware vSphere 7.0 發佈,引入了以下新功能和增強功能。

- vSphere Lifecycle Manager。透過 vSphere Lifecycle Manager,可對 ESXi 主機實施簡化且一致的生命週期管理。它使用一種理想狀態模型,可為管理程式、整個驅動程式和韌體堆疊提供生命週期管理。vSphere Lifecycle Manager 可減少監控單一元件符合規範性的工作,有助使整個叢集的狀態保持一致。在 Virtual SAN 中,此解決方案支援 DELL 和 HPE ReadyNode 主機。

- 整合的檔案服務。Virtual SAN 本機檔案服務提供了基於 Virtual SAN 叢集建立和提供 NFS v4.1 和 v3 檔案共用的功能。

- 本機支援 NVMe 熱抽換。此增強功能提供了一致的方式來為 NVMe 裝置提供服務,並提高了所選 OEM 驅動器的操作效率。

- 基於延伸叢集的容量不平衡的 I/O 重新導向。Virtual SAN 可將所有虛擬機器 I/O 從容量緊張的網站重新導向到另一個網站,直到容量被釋放為止。此功能可提高虛擬機器的正常執行時間。

- Skyline 與 vSphere 運行狀況和 Virtual SAN 運行狀況整合。加入 Skyline 品牌下的產品後,vSphere Client 中提供了適用於 vSphere 和 Virtual SAN 的 Skyline 運行狀況,從而透過一致的主動分析在產品內實現了本機體驗。

- 移除共用磁碟的 EZT。Virtual SAN 取消了使用多撰寫器標記的共用虛擬磁碟,還必須使用快速置零預先配給。

- 支援將 Virtual SAN 記憶體作為性能服務中的衡量指標。Virtual SAN 記憶體使用情況現在可在 vSphere Client 中和透過 API 獲取。

- Virtual SAN 容量視圖中 vSphere Replication 物件的可見性。vSphere Replication 物件在 Virtual SAN 容量視圖中可見。此類物件將被辨識為 vSphere 備份類型,並按「複製」類別計算空間使用情況。

- 支援大容量驅動器。增強功能擴充了對 32TB 物理容量驅動器的支援,並在啟用去重和壓縮的情況下,將邏輯容量擴充到 1PB。

- 部署新見證後立即修復。當 Virtual SAN 執行替換見證操作時，它會在增加見證後立即呼叫修復物件操作。

- vSphere with Kubernetes 整合。CNS 是 vSphere with Kubernetes 的預設儲存平台。整合後，可在 Virtual SAN、VMFS 和 NFS 資料儲存中的 vSphere with Kubernetes Supervisor 主管叢集和客戶端裝置叢集上部署各種有狀態的容器化工作負載。

- 基於檔案的永久卷冊。Kubernetes 開發人員可以為應用程式動態建立共用（讀 / 寫 / 多個）持久卷冊。多個容器可以共用資料。Virtual SAN 本機檔案服務是實現此功能的基礎。

- vVol 支援現代應用程式。可以使用為 vVol 增加的 CNS 支援功能，將現代 Kubernetes 應用程式部署到 vSphere 上的外部儲存陣列。現在，透過 vSphere，可統一管理 Virtual SAN、NFS、VMFS 和 vVol 中的持久卷冊。

- Virtual SAN VCG 通知服務。可以訂閱 Virtual SAN ReadyNode、I/O 控制器、驅動器（NVMe、SSD、HDD）等 Virtual SAN HCL 元件，並透過電子郵件獲取有關任何更改的通知。此更改包括韌體、驅動程式、驅動程式類型（非同步 / 收件箱）等。可以透過新的 Virtual SAN 版本追蹤一段時間內的更改。

## 5.3.2　Virtual SAN 常用術語

Virtual SAN 整合於 VMware vSphere 中，但也可以把它看作一個獨立的元件。了解完 Virtual SAN 的基本概念後，需要對其常用術語做進一步了解。

### 1．物件

Virtual SAN 中一個重要的概念就是物件。Virtual SAN 是基於物件的儲存，虛擬機器由大量不同的儲存物件組成，而不像過去是一組檔案的集合，而物件是一個獨立的儲存區塊裝置。儲存區塊包括虛擬機器首頁命名空間、虛擬機器交換檔、VMDK 等。

### 2．元件

從另外一個方面來看，Virtual SAN 可以視為網路 RAID，Virtual SAN 在 ESXi 主機之間使用 RAID 陣列來實現儲存物件的高可用。每個儲存物件都是一個元件，元件的具體數量與儲存策略有直接的關係。

### 3·備份

Virtual SAN 使用 RAID 方式來實現高可用,那麼一個物件就存在多個備份又避免了單點故障,備份的數量與儲存策略有直接的關係。

### 4·見證

見證(Witness)可以視為仲裁,在 VMware vSphere 中翻譯為「見證」或「證明」。見證屬於比較特殊的元件,不包括中繼資料,僅用於當 Virtual SAN 發生故障後進行仲裁時用來確定如何恢復。

### 5·磁碟組

磁碟組(Disk Group)是 Virtual SAN 的核心元件之一,由 SSD 磁碟和其他磁碟(SATA、SAS)組成,用於快取和儲存資料,是建構 Virtual SAN 的基礎。

### 6·基於儲存策略的管理

基於儲存策略的管理(Storage Policy-Based Management,SPBM)是 Virtual SAN 的核心之一,所有部署在 Virtual SAN 上的虛擬機器都必須使用一種儲存策略。如果沒有建立新的儲存策略,虛擬機器將使用預設策略。本書 9.1.5 節中將詳細介紹儲存策略。

## 5.3.3 Virtual SAN 儲存策略介紹

Virtual SAN 使用基於儲存策略的管理來部署虛擬機器。透過使用基於儲存策略的管理,虛擬機器可以根據生產環境的需求並且在不關機的情況應用不同的策略。所有部署在 Virtual SAN 上的虛擬機器都必須使用一種儲存策略,如果沒有建立新的儲存策略,虛擬機器將使用預設策略。Virtual SAN 儲存策略主要有以下 8 種類型。

### 1·Number of Failures to Tolerate

Number of Failures to Tolerate,簡稱為 FTT,中文翻譯為「允許的故障數」。該策略定義在叢集中儲存物件針對主機數量、磁碟或網路故障同時發生故障的數量。預設情況下 FTT 值為 1,FTT 的值決定了 Virtual SAN 叢集需要的 ESXi 主機數量,假設 FTT 的值設定為 $n$,則將有 $n+1$ 份備份,要求 $2n+1$ 台主機,FTT 值對應 ESXi 主機清單參考表 5-3-1;如果使用 RAID 5/6,則計算方式參考表 5-3-2。

如果使用雙節點 Virtual SAN，則設定額外的見證主機，表 5-3-1 及表 5-3-2 不適用於雙節點 Virtual SAN 設定。

▼ 表 5-3-1　FTT 值對應 ESXi 主機清單

| FTT | 備份 | 見證 | ESXi 主機數 |
| --- | --- | --- | --- |
| 0 | 1 | 0 | 1 |
| 1 | 2 | 1 | 3 |
| 2 | 3 | 2 | 5 |
| 3 | 4 | 3 | 7 |

▼ 表 5-3-2　RAID 5/6 模式下，FTT 值對應 ESXi 主機清單

| FTT | 策略 | 物理 RAID | ESXi 主機數 |
| --- | --- | --- | --- |
| 0 | RAID 5/6 （糾刪碼） | RAID 0 | 1 |
| 0 | RAID 1 （映像檔） | RAID 0 | 1 |
| 1 | RAID 5/6 （糾刪碼） | RAID 5 | 4 |
| 1 | RAID 1 （映像檔） | RAID 1 | 3 |
| 2 | RAID 5/6 （糾刪碼） | RAID 6 | 6 |
| 2 | RAID 1 （映像檔） | RAID 1 | 5 |
| 3 | RAID 5/6 （糾刪碼） | N/A | N/A |
| 3 | RAID 1 （映像檔） | RAID 1 | 7 |

## 2 · Number of Disk Stripes per Object

Number of Disk Stripes per Object，簡稱為 Stripes，中文翻譯為「每個物件的磁碟帶數」，表示儲存物件的磁碟跨越主機的備份數。Stripes 值相當於 RAID0 的環境，分佈在多個物理磁碟上。一般來説，Stripes 預設值為 1，最大值為 12。如果將該參數值設定為大於 1 時，虛擬機器可以獲取更好的 IOPS 性能，但會佔用更多的系統資源。預設值 1 可以滿足大多數虛擬機器負載使用，對於磁碟 I/O 密集型運算可以調整 Stripes 值。當一個物件大小超過 255GB 時，即使 Stripes 預設為 1，系統還是會對物件進行強行分割。

需要說明的是,在 Virtual SAN 環境中,所有的寫入操作都是先寫入 SSD 磁碟,增加分散連結性能可能沒有增強,因為系統無法保證新增加的分散連結會使用不同的 SSD 磁碟,新的分散連結可能會放置在位於同一個磁碟組的磁碟上。當然,如果新的分散連結被放置在不同的磁碟組中,就會使用到新的 SSD,這種情況下會帶來性能上的提升。

### 3 · Flash Read Cache Reservation

Flash Read Cache Reservation,中文翻譯為「快閃記憶體讀取快取預留」。其值預設為 0,這個參數結合虛擬機器磁碟大小來設定 Read Cache 大小,計算方式為百分比,可以精確到小數點後 4 位。如果虛擬機器磁碟大小為 100GB,快閃記憶體讀取快取預留設定為 10%,快閃記憶體讀取快取預留值會使用 10GB 的 SSD 容量,當虛擬機器磁碟較大的時候,會佔用大量的快閃記憶體空間。在生產環境中,一般不設定快閃記憶體讀取快取預留,因為為虛擬機器預留的快閃記憶體讀取快取不能用於其他物件,而未預留的快閃記憶體可以共用給所有物件使用。需要注意的是,Read Cache 在全快閃記憶體環境下故障。

### 4 · Force Provisioning

Force Provisioning,中文翻譯為「強制置備」。透過強制置備,可以強行設定具體的儲存策略。啟用強制置備後,Virtual SAN 會監控儲存策略應用,在儲存策略無法滿足需求時,如果選擇了強制置備,則策略將被強行設定為

```
FTT=0
Stripe=1
Object Space Reservation=0
```

### 5 · Object Space Reservation

Object Space Reservation,簡稱為 OSR,中文翻譯為「物件空間預留」。其值預設為 0,也就是說,虛擬機器的磁碟類型為動態配給。這表示虛擬機器部署的時候不會預留任何空間,只有當虛擬機器儲存增長時空間才會被使用。物件空間預留值如果設定為 100%,虛擬機器儲存對容量的要求會被預先保留,也就是預先配給。需要注意的是,Virtual SAN 中只存在預先配給延遲置零,不存在預先配給置零。也就是說,在 Virtual SAN 環境下將無法使用 vSphere 進階特性中的 Failures Tolerate 技術。

### 6・容錯

容錯是從 Virtual SAN 6.2 版本開始引入的新的虛擬機器儲存策略，其主要是為了解決舊版本 Virtual SAN 使用 RAID 1 技術佔用大量的磁碟空間問題。Virtual SAN 6.7 版本繼續進行了最佳化，提供了更多的 Virtual SAN 儲存空間。

### 7・物件 IOPS 限制

物件 IOPS 限制是從 Virtual SAN 6.2 版本開始完整的虛擬機器儲存策略，可以對虛擬機器按應用需求的不同進行不同的 IOPS 限制，以提高 I/O 效率。

### 8・禁用物件校正碼

禁用物件校正碼是為了保證 Virtual SAN 資料的完整性，系統在進行讀寫操作時會檢查檢驗資料，如果資料有問題，則會對資料進行修復操作。禁用物件校正碼設定為 NO，系統會對問題資料進行修復；設定為 YES，系統不會對問題資料進行修復。

## 5.3.4　部署和使用 Virtual SAN 條件

Virtual SAN 整合於 VMware vSphere 核心中，其設定相對簡單，只需滿足條件，啟用 Virtual SAN 即可使用，其重點在於各種特性的設定使用。在部署 Virtual SAN 之前，為保證生產環境的穩定性，需要了解其軟硬體要求，否則可能導致生產環境的 Virtual SAN 出現嚴重問題。

### 1・實體伺服器及硬體

生產環境一般使用大廠品牌伺服器，而這些主流伺服器一般都會透過 VMware 官方認證。需要注意的是，VMware 針對 Virtual SAN 專門發佈了硬體相容性列表，主要是針對儲存控制器、SSD 等硬體提出了相容性要求。

生產環境中使用 Virtual SAN，對實體伺服器記憶體也提出了要求。VMware 官方推薦使用 Virtual SAN 的實體伺服器最少設定 8GB 記憶體，生產環境中的實體伺服器設定多個磁碟組，推薦使用 128GB 以上的記憶體。

生產環境中使用 Virtual SAN，推薦使用 10GE 網路承載 Virtual SAN 流量。雖然可以使用 1Gbit/s 網路進行承載，但在設定過程中會列出提示，中大型環境或全快閃記憶體環境下使用 Virtual SAN，必須使用 10GE 網路進行承載。

生產環境中使用 Virtual SAN，參與 Virtual SAN 的磁碟（包括快閃記憶體及容量磁碟），應盡可能提前清除磁碟原分區。雖然在設定過程中 VMware 會提供圖形介面及 partedUtil 命令列方式清除分區，但在實際使用過程中依然存在清除分區失敗的情況。

**2 · Virtual SAN 叢集中 ESXi 主機數量**

表 5-3-1 顯示了根據不同的備份數量叢集中需要設定的 ESXi 主機數量，生產環境中強烈不推薦使用最低要求，如 FTT=1 時，ESXi 主機數量要求為 3，這是最低要求，不適用於生產環境，因為可能由於元件數及其他原因導致 Virtual SAN 故障。FTT=1 時，推薦設定使用 4 台以上的 ESXi 主機。對於生產環境中的其他需求，推薦 ESXi 主機數量大於最低要求數量，雙節點 Virtual SAN 叢集例外。

**3 · Virtual SAN 軟體版本**

Virtual SAN 版本已發佈至第八代，生產環境中應根據具體需求進行選擇。選擇好 Virtual SAN 版本後還需要確定是使用該版本的標準版、進階版還是企業版等，這些版本所具有的功能是不一樣的，如標準版不支援去重、糾刪碼、延伸叢集等功能。

## 5.3.5 啟用 Virtual SAN 準備工作

Virtual SAN 的設定相對簡單，在設定前需要準備好環境，如清除參與 Virtual SAN 的硬碟分區、設定 Virtual SAN 網路等。

第 1 步，Virtual SAN 要求參與快取層、容量層的硬碟不能有其他分區，設定 Virtual SAN 前可以使用 ESXi 主機附帶的工具清除分區，如圖 5-3-1 所示，點擊「確定」按鈕。

第 2 步，Virtual SAN 推薦使用分散式交換機，建議將參與 Virtual SAN 的主機增加到分散式交換機中，如圖 5-3-2 所示。

第 3 步，在每台 ESXi 主機上設定 VMKernel 介面卡，啟用 Virtual SAN 流量，如圖 5-3-3 所示。

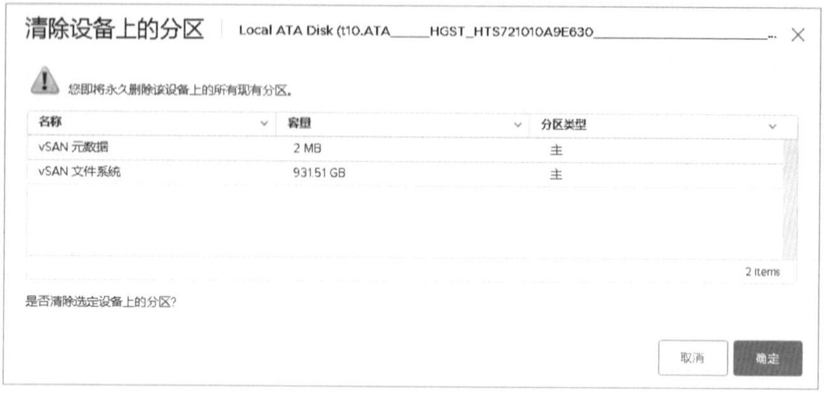

清除设备上的分区
Local ATA Disk (t10.ATA_____HGST_HTS721010A9E630
您即将永久删除该设备上的所有现有分区。
名称
容量
分区类型
vSAN 元数据
2 MB
主
vSAN 文件系统
931.51 GB
主
2 items
是否清除选定设备上的分区?
取消
确定

圖 5-3-1

vSphere Client
vDS-vSAN7
vcsa7.bdnetlab.com
Datacenter
VM Network
vDS-vSAN7
vDS-vSAN7-DVUplinks-31
vSAN7

圖 5-3-2

vSphere Client
10.92.10.1
VMkernel 适配器
vcsa7.bdnetlab.com
Datacenter
VSAN-7
10.92.10.1
10.92.10.2
10.92.10.3
10.92.10.4
vcsa7
vmk0
vmk1
vmk2
vSwitch0
vDS-vSAN7
10.92.10.1
10.92.10.156
10.92.20.2
VSAN7
VSAN
10.92.20.2 (DHCP)
255.255.255.0
10.92.10.254

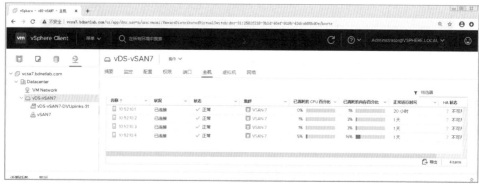

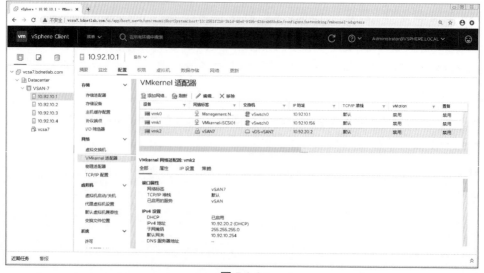

圖 5-3-3

至此，啟用 Virtual SAN 的準備工作完成，推薦使用分散式交換機運行 Virtual SAN 流量，使用 10GE 網路。Virtual SAN 也支援標準交換機，但是如果使用 1Gbit/s 網路，設定上會出現警告提示，同時性能上影響很大。

## 5.3.6 啟用 Virtual SAN

啟用 Virtual SAN 操作比較簡單，主要是類型及磁碟組的設定。需要注意的是，啟用 Virtual SAN 需要再次確認叢集中 ESXi 主機是否已經準備好需要的磁碟及網路。另外，啟用前必須關閉 HA 特性。本節將介紹如何啟用 Virtual SAN 及建立磁碟組。

第 1 步，預設情況下 Virtual SAN 處於已關閉狀態，如圖 5-3-4 所示，點擊「設定」按鈕啟用。

圖 5-3-4

第 2 步，Virtual SAN 7.0 支援多個類型，如圖 5-3-5 所示，雙主機 vSAN 叢集與延伸叢集的設定和單網站叢集設定大致相同，這裡使用單網站叢集，點擊「下一步」按鈕。

圖 5-3-5

第 3 步，選擇需要啟用的服務，如圖 5-3-6 所示。「去重和壓縮服務」「靜態資料加密」等服務需要使用全快閃記憶體，實戰伺服器未設定全快閃記憶體，所以不啟用。點擊「下一步」按鈕。

第 4 步，將「分組依據」調整為「主機」，按 ESXi 主機進行顯示，為每台主機選擇快取層及容量層使用的磁碟，如圖 5-3-7 所示，點擊「下一步」按鈕。

圖 5-3-6

圖 5-3-7

第 5 步，系統提示是否建立故障域，如圖 5-3-8 所示，小規模環境可以直接使用 1 個故障域，點擊「下一步」按鈕。

圖 5-3-8

第 6 步，確認參數設定是否正確，如圖 5-3-9 所示，若正確則點擊「完成」按鈕。

圖 5-3-9

第 7 步，完成 Virtual SAN 服務的啟用，如圖 5-3-10 所示。

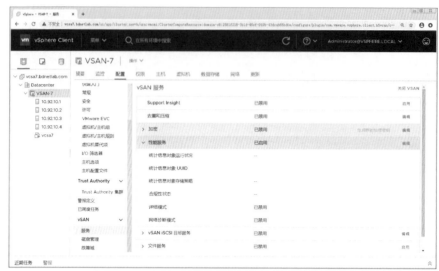

圖 5-3-10

第 8 步，在 Virtual SAN 磁碟管理設定中查看主機磁碟組情況，如圖 5-3-11 所示，可以發現其處於已掛載、正常狀態。

第 9 步，查看 vsanDatastore 的正常資訊，如圖 5-3-12 所示，可以看到 Virtual SAN 總容量為 3.64TB。

第 10 步，查看 vsanDatastore 監控資訊，如圖 5-3-13 所示。

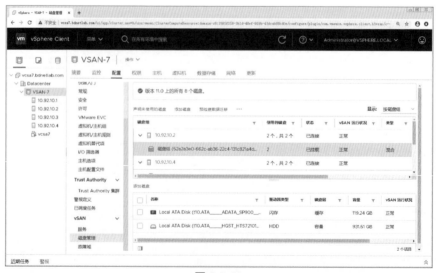

圖 5-3-11

圖 5-3-12

圖 5-3-13

至此，Virtual SAN 基本服務及磁碟組增加完成，Virtual SAN 已經可以使用，生產環境中可根據實際情況使用或調整儲存策略。

## 5.3.7　設定 Virtual SAN 儲存策略

啟用 Virtual SAN 後，可以使用其預設的儲存策略，生產環境中一般會根據實際情況建立和使用多個儲存策略。Virtual SAN 儲存策略設定影響到虛擬機器的容錯及正常運行，錯誤的設定可能導致虛擬機器運行速度緩慢，嚴重時甚至導致虛擬機器資料遺失。由於去重和壓縮技術目前只能在全快閃記憶體架構下使用，對於混合架構，推薦使用 Virtual SAN 提供的 RAID 5/6 糾刪碼技術來提高容量使用效率。表 5-3-3 所示為糾刪碼空間消耗情況比較。

▼ 表 5-3-3　糾刪碼空間消耗情況比較

| RAID | FTT | 資料大小 | 空間需求 |
|---|---|---|---|
| RAID 1 | 1 | 100GB | 200GB |
| RAID 1 | 2 | 100GB | 300GB |
| RAID 5/6 | 1 | 100GB | 133GB |
| RAID 5/6 | 2 | 100GB | 150GB |

如果在儲存策略中啟用 RAID 5/6 糾刪碼技術，不支援將 FTT 值設定為 3；當 FTT 值設定為 1 時，為 RAID 5 模式，當 FTT 值設定為 2 時，為 RAID 6 模式。本節將介紹 Virtual SAN 儲存策略設定。

第 1 步，選擇虛擬機器儲存策略，如圖 5-3-14 所示。可以看到存在多個虛擬機器儲存策略，其中包括預設的 vSAN Default Storage Policy。點擊「編輯設定」按鈕。

第 2 步，可以編輯或新建虛擬機器儲存策略，該步驟的關鍵在於「允許的故障數」選擇。vSAN 支援多種方式的容錯，需要結合 vSAN 叢集節點數量及快取、容量層的設定進行選擇，如圖 5-3-15 所示，點擊「下一頁」按鈕。

圖 5-3-14

圖 5-3-15

第 3 步，完成虛擬機器儲存策略設定後，可以將策略應用到虛擬機器，如圖 5-3-16 所示。

第 4 步，查看虛擬機器的 vSAN 物理磁碟放置監控，可以看到虛擬機器元件及見證的主機相關資訊，如圖 5-3-17 所示。

至此，設定基本的 Virtual SAN 儲存策略完成。生產環境中推薦根據實際情況
建立多個虛擬機器儲存策略用於不同的虛擬機器需求，要特別注意一些特殊模
式對硬體的要求。

在 vSAN 環境下，虛擬機器儲存策略設定並不複雜，可以結合生產環境中 vSAN
叢集的具體情況建立多個虛擬機器儲存策略，然後將儲存策略應用到不同的
虛擬機器。需要注意的是，建立的儲存策略需要與叢集進行匹配。舉例來説，
vSAN 叢集節點主機數為 4 台，這時候建立一個虛擬機器儲存策略 FTT=2，這
樣的策略應用到虛擬機器會顯示出錯，因為 FTT=2 要求 vSAN 叢集有 5 台節點
主機，而叢集節點為 4 台無法滿足儲存策略要求。

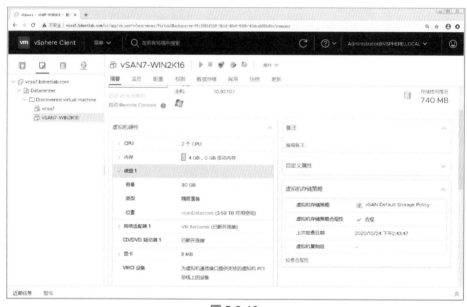

圖 5-3-16

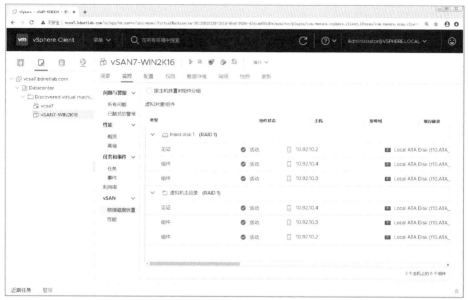

圖 5-3-17

## 5.3.8 Virtual SAN 常見故障

使用 vSAN 後,更多的是對 vSAN 進行日常的運行維護,雖然可以透過後續章節介紹的 vROPS 對 vSAN 進行監控,但也需要了解常見的故障如何進行處理。

### 1·SSD 快取層故障

vSAN 在日常使用中,最常見的就是 SSD 快取層故障。如果 vSAN 節點主機磁碟組中的 SSD 快取層出現故障,該磁碟組會進入「降級」狀態。因為磁碟組中所有資料的讀寫都是透過 SSD 快取,SSD 快取故障,相當於這個磁碟組出現故障,這時 vSAN 會尋找其他正常執行的 vSAN 節點主機重建元件和元件。對運行維護人員來說,需要及時更換故障的 SSD 快取。

### 2·容量層故障

容量層使用的機械硬碟或 SSD 硬碟也可能故障。當容量層的硬碟出現故障後,一般來說更換硬碟後可以自動進行修復。生產環境中多種情況下會使用 FTT=1,也就是說,虛擬機器會有兩份備份,容量層硬碟故障更換硬碟後,vSAN 會重建虛擬機器的元件,可以在 vSAN 監控中查看需要重新同步的元件、容量及完成時間等資訊。

### 3．vSAN 節點故障

vSAN 節點主機故障指非快取層、容量層故障，屬於 ESXi 主機本身的故障。當設定策略 FTT=1 時，允許叢集中 1 台 vSAN 節點主機故障，如果該主機在 60 分鐘內沒有恢復，預設會觸發自動重建機制，在其他正常 vSAN 節點主機上重建故障主機的元件和元件，當原故障的 vSAN 節點主機恢復，vSAN 會對其資料進行檢查，執行重新同步的操作，以保證 vSAN 叢集資料的一致性。

### 4．vCenter Server 故障

vSAN 依賴 vCenter Server 進行設定及運行維護，那麼 vCenter Server 出現故障，已建好的 vSAN 是否受影響呢？可以明確告訴大家，當 vSAN 設定完成後，是無須依賴 vCenter Server 運行的，也就是説，就算 vCenter Server 故障，也不影響 vSAN 及 vSAN 上的虛擬機器的運行，只是無法進行 vSAN 的設定和監控。

當 vCenter Server 出現故障後，一種方式是恢復上一次正常執行的 vCenter Server。如果 vCenter Server 無法恢復，可以新建一台 vCenter Server，建立新的 vSAN 叢集，將 vSAN 節點主機加入該叢集，系統會自動完成同步工作，不需要手動操作。

## ▶ 5.4　設定和使用原生裝置映射

在生產環境中，一般會使用 VMware vSphere 自有的檔案系統 VMFS 儲存虛擬機器及其他檔案，但一些特殊環境需要直接存取儲存上的 LUN，這種情況就會使用原生裝置映射。

### 5.4.1　原生裝置映射介紹

原生裝置映射（Raw Device Mappings，RDM）是儲存在 VMFS 卷冊中的一種檔案，可用作裸物理裝置的代理。RDM 可以將客戶端裝置作業系統資料直接儲存在原始 LUN 上，而非將虛擬機器資料儲存在 VMFS 資料儲存上儲存的虛擬磁碟檔案中。如果虛擬機器中運行的應用必須知道存放裝置的物理特徵，RDM 將非常有用。透過映射原始 LUN，可以使用現有 SAN 命令來管理磁碟儲存。當虛擬機器必須與 SAN 中的實際磁碟互動時，可使用 RDM 實現。RDM 映射示意圖如圖 5-4-1 所示。

雖然原生裝置映射 (RDM) 不是資料儲存，但它支持虛擬機器直接訪問物理 LUN。

將虛擬機器指向 LUN 的映射文件 (-rdm.vmdk) 必須儲存在 VMFS 資料儲存上。

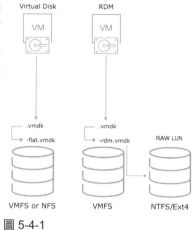

圖 5-4-1

## 5.4.2  設定和使用原生裝置映射

了解 RDM 原理後，就可以設定和使用 RDM 了。需要注意的是，設定和使用 RDM 需要在儲存上建立一個未消耗的 LUN。

第 1 步，確認 ESXi 主機有未消耗的 LUN，如圖 5-4-2 所示，ESXi 主機有一個 50GB 未消耗的儲存 LUN。

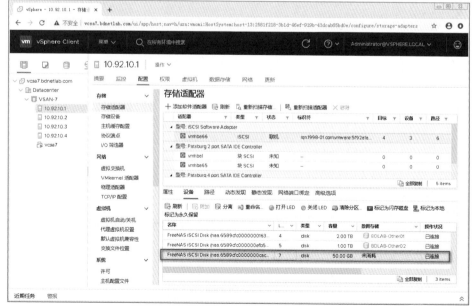

圖 5-4-2

第 2 步，建立虛擬機器，在增加新裝置處選擇 RDM 磁碟，如圖 5-4-3 所示，
點擊「NEXT」按鈕。

圖 5-4-3

第 3 步，選擇未消耗的目標 LUN 作為 RDM 磁碟，如圖 5-4-4 所示，點擊「確定」
按鈕。

圖 5-4-4

第 4 步，設定虛擬機器使用 RDM 磁碟，如圖 5-4-5 所示，點擊「NEXT」按鈕。

第 5 步，確定虛擬機器使用 RDM 磁碟，如圖 5-4-6 所示，若正確則點擊「FINISH」
按鈕。

第 6 步，為虛擬機器安裝作業系統，系統正確辨識 RDM 磁碟，如圖 5-4-7 所示，點擊「下一步」按鈕安裝系統。

圖 5-4-5

圖 5-4-6

圖 5-4-7

第 7 步，完成虛擬機器作業系統的安裝，如圖 5-4-8 所示。

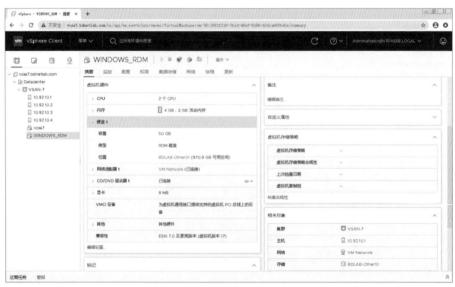

圖 5-4-8

至此,虛擬機器建立和使用 RDM 磁碟完成,整體來說比較簡單。使用 RDM,能夠在一定程度上提升磁碟的 I/O,但也需要注意,如果虛擬機器進行遷移,目標主機必須能夠存取該 RDM,否則遷移可能出現問題。

## ▶ 5.5 本章小結

本章對 VMware vSphere 7.0 使用的儲存進行了介紹,包括主流的 iSCSI 儲存、Virtual SAN 7.0 等。對於生產環境中儲存的選擇,相信使用者已經有一個了解,推薦結合生產環境的實際情況選擇儲存。

## ▶ 5.6 本章習題

1. 請詳細描述 VMware vSphere 支援的儲存類型。

2. 請詳細描述 vSAN 常用術語及儲存策略。

3. 為什麼說 iSCSI 儲存是 VMware vSphere 中對比值最高的儲存?

4. ESXi 主機設定使用 iSCSI 是否必須綁定流量?

5. 能否在 3 台 ESXi 上部署使用 vSAN,可能產生什麼後果?

6. vSAN 主機快取碟出現故障,是否會影響 vSAN 的使用?

7. vCenter Server 故障,是否會影響 vSAN 的使用?

8. 儲存無空閒的 LUN,是否能設定和使用原生裝置映射?

9. 目標主機無法存取 LUN,是否能進行虛擬機器遷移?

# 第 6 章
# 設定和使用進階特性

透過前面章節的學習，完成了 VMware vSphere 虛擬化架構的基本部署。在生產環境中，需要使用各種進階特性保證 ESXi 主機和虛擬機器的正常運行，主要的進階特性包括 vMotion、DRS、HA、FT 等。本章將介紹 VMware vSphere 進階特性如何在生產環境中使用。

> 【本章要點】
> - 設定和使用 vMotion
> - 設定和使用 DRS 服務
> - 設定和使用 HA 特性
> - 設定和使用 FT 功能

## ▶ 6.1 設定和使用 vMotion

在 VMware vSphere 虛擬化架構中，vMotion 是所有進階特性的基礎，它可以將正在運行的虛擬機器在不中斷服務的情況從一台 ESXi 主機遷移到另一台 ESXi 主機，或對虛擬機器的儲存進行遷移。該特性為虛擬機器的高可用提供了強大的支援。

### 6.1.1 vMotion 介紹

**1·vMotion 遷移的原理**

vMotion 即時遷移的原理就是在啟動 vMotion 後，系統先將來源 ESXi 主機上的虛擬機器記憶體狀態複製到目標 ESXi 主機上，再接管虛擬機器硬碟檔案，當所有操作完成後，在目標 ESXi 主機上啟動虛擬機器。那麼遷移的具體步驟是什麼呢？下面以圖 6-1-1 為例說明。

第 1 步，如圖 6-1-1 所示，虛擬機器 A 為生產環境重要的伺服器，不能出現中斷的情況。此時，人們需要對虛擬機器 A 運行的 ESXi 主機進行維護操作，需要在不關機的情況下將其遷移到 ESXi02 主機。

第 2 步，啟動 vMotion 後會在 ESXi02 主機上產生與 ESXi01 主機一樣設定的虛擬機器，此時 ESXi01 主機會建立記憶體位元映射，在進行 vMotion 遷移操作時，所有對虛擬機器的操作都會記錄在記憶體位元映射中。

第 3 步，開始複製 ESXi01 主機虛擬機器 A 的記憶體到 ESXi02 上。

第 4 步，記憶體複製完成後，由於在複製的這段時間，虛擬機器 A 的狀態已經發生變化，所以，ESXi01 主機的記憶體位元映射也需要複製到 ESXi02 主機。此時會出現短暫的停止，但由於記憶體位元映射複製的時間非常短，使用者幾乎感覺不到停止。

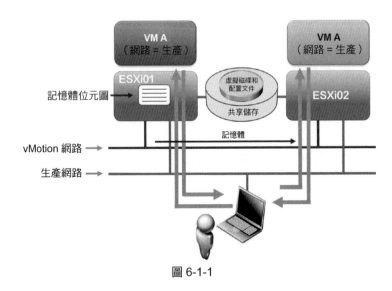

圖 6-1-1

第 5 步，記憶體位元映射完全複製完成後，ESXi02 主機會根據記憶體位元映射啟動虛擬機器 A。

第 6 步，此時系統會對網路卡的 MAC 位址重新對應，將 ESXi01 所代表的 MAC 位址換成 ESXi02 的 MAC 位址，目的是將封包重新定位到 ESXi02 主機上的虛擬機器 A。

第 7 步,當 MAC 位址重新對應成功後,ESXi01 主機上的虛擬機器 A 會被刪除,將記憶體釋放出來,vMotion 遷移操作完成。

### 2‧vMotion 遷移對虛擬機器的要求

在 vSphere 虛擬化環境中,對於要實施 vMotion 遷移的虛擬機器,也存在一定的要求。

- 虛擬機器所有檔案必須存放在共用儲存上。
- 虛擬機器不能與載入了本地映射的虛擬裝置(如 CD-ROM、USB、序列埠等)連接。
- 虛擬機器不能與沒有連接上外部網路的虛擬交換機連接。
- 虛擬機器不能設定 CPU 連結性。
- 如果虛擬機器使用的是 RDM,目標主機必須能夠存取 RDM。
- 如果目標主機無法存取虛擬機器的交換檔,vMotion 必須能夠建立一個使目標主機可以存取的交換檔,然後才能開始遷移。

### 3‧vMotion 遷移對主機的要求

ESXi 主機的硬體規格對於 vMotion 同樣重要,其標準如下。

- 來源主機和目標主機的 CPU 功能集必須相容,可以使用增強型 vMotion 相容性(Enhanced vMotion Compatibility,EVC)或隱藏某些功能。
- 至少擁有 1 個 1GE 網路卡。1 個 1GE 網路卡同時進行 4 個併發的 vMotion 遷移,1 個 10GE 網路卡可以同時進行 8 個併發的 vMotion 遷移。
- 對相同物理網路的存取權限。
- 能夠看到虛擬機器使用的所有儲存的能力,每個 VMFS 資料儲存可以同時進行 128 個 vMotion 遷移。

## 6.1.2 使用 vMotion 遷移虛擬機器

在生產環境中使用 vMotion 遷移虛擬機器,推薦使用單獨的虛擬機器交換機運行 vMotion 流量。因為 vMotion 遷移過程會佔用大量的網路頻寬,如果 vMotion 與 iSCSI 儲存共用通訊連接埠,會嚴重影響 iSCSI 儲存的性能。如果生產環境中乙太網路介面數量不夠,推薦選擇流量較小的虛擬交換機運行 vMotion 流量。

第 1 步，使用 vMotion 遷移虛擬機器前，需要查看 VMkernel 介面卡是否已啟用 vMotion 服務，如圖 6-1-2 所示，如果未啟用在遷移過程中會有錯誤訊息。

圖 6-1-2

第 2 步，選擇需要進行遷移的虛擬機器，在「操作」中選擇「遷移」選項，如圖 6-1-3 所示。

圖 6-1-3

第 3 步，選擇遷移類型。遷移類型一共有 3 個選項：「僅更改運算資源」是將虛擬機器從一台主機遷移到其他主機，「僅更改儲存」是將虛擬機器使用的儲存從一個儲存遷移到其他儲存，「更改運算資源和儲存」是同時遷移虛擬機器和使用的儲存，如圖 6-1-4 所示，可根據生產環境的具體情況進行選擇，點擊「NEXT」按鈕。

圖 6-1-4

第 4 步，在遷移過程中會進行相容性檢查，如果出現存在相容性問題提示，如圖 6-1-5 所示，一定要解決後再進行遷移，否則可能導致遷移失敗。點擊「顯示詳細資訊」按鈕。

圖 6-1-5

第 5 步，查看相容性問題，此處提示 vMotion 介面未設定或設定錯誤，如圖 6-1-6 所示，根據具體提示進行處理。

圖 6-1-6

第 6 步，相容性問題解決後，提示「相容性檢查成功。」，如圖 6-1-7 所示，點擊「NEXT」按鈕。

圖 6-1-7

第 7 步,虛擬機器網路不遷移,如圖 6-1-8 所示,點擊「NEXT」按鈕。

第 8 步,選擇 vMotion 優先順序,一般情況下選中「安排優先順序高的 vMotion(建議)」選項按鈕,如圖 6-1-9 所示,點擊「NEXT」按鈕。

第 9 步,確認虛擬機器遷移參數是否正確,如圖 6-1-10 所示,若正確則點擊「FINISH」按鈕。

圖 6-1-8

圖 6-1-9

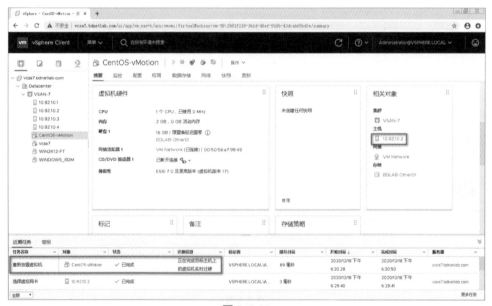

圖 6-1-10

第 10 步，完成虛擬機器的遷移，虛擬機器遷移到 IP 位址為 10.92.10.2 的 ESXi
主機中，如圖 6-1-11 所示。

圖 6-1-11

至此，使用 vMotion 遷移虛擬機器操作完成。生產環境中可以靈活使用
vMotion 線上或在關機狀態遷移虛擬機器，特別是某台 ESXi 主機需要停機維護
的時候該功能可以保證虛擬機器正常運行，服務不會出現中斷。

## 6.1.3　使用 vMotion 遷移儲存

生產環境除遷移虛擬機器外，儲存遷移也是比較常見的操作，如現在需要對生產環境中使用的儲存伺服器進行維護，需要將虛擬機器使用的儲存遷移到其他儲存。本節操作使用共用儲存，無共用儲存遷移會在後面章節介紹。

第 1 步，選中「僅更改儲存」選項按鈕，如圖 6-1-12 所示，點擊「NEXT」按鈕。

圖 6-1-12

第 2 步，選擇需要遷移到的儲存，如圖 6-1-13 所示，點擊「NEXT」按鈕。

第 3 步，確認遷移參數是否正確，如圖 6-1-14 所示，若正確則點擊「FINISH」按鈕。

第 4 步，完成虛擬機器儲存的遷移，儲存遷移到 BDLAB-Other02 儲存，如圖 6-1-15 所示。

圖 6-1-13

圖 6-1-14

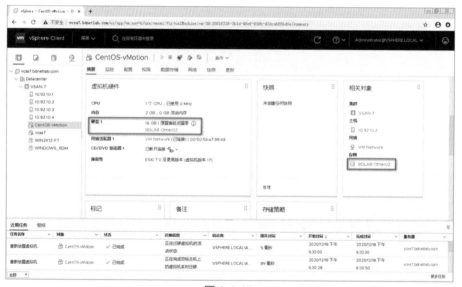

圖 6-1-15

至此，使用 vMotion 遷移儲存完成。生產環境中遷移儲存，建議在存取量較小時進行，特別是不同類型儲存間的遷移更是如此。

## 6.1.4　無共用儲存 vMotion

在前面的章節中，無論是虛擬機器遷移還是儲存遷移，都使用共用儲存。在一些特殊的生產環境中，可能未設定或未使用共用儲存，這種情況下虛擬機器也可以進行遷移操作，但一旦遷移某些特性會受到限制。本節將介紹無共用儲存的 vMotion。

第 1 步,透過圖 6-1-16 可以發現,虛擬機器位於 IP 位址為 10.92.10.1 的主機中,使用 datastore1 儲存。

圖 6-1-16

第 2 步,由於無共用儲存的特殊性,遷移類型只能選擇「更改運算資源和儲存」,如圖 6-1-17 所示,點擊「NEXT」按鈕。

圖 6-1-17

第 3 步,選擇 IP 位址為 10.92.10.2 的 ESXi 主機作為目標主機,如圖 6-1-18 所示,點擊「NEXT」按鈕。

圖 6-1-18

第 4 步，本節操作不使用共用儲存，所以選擇 IP 位址為 10.92.10.2 的 ESXi 主機的本機存放區 datastore1(4)，如圖 6-1-19 所示，點擊「NEXT」按鈕。

圖 6-1-19

第 5 步，完成無共用儲存遷移。可以發現虛擬機器位於 IP 位址為 10.92.10.2 的主機中，使用 datastore1(4) 儲存，如圖 6-1-20 所示。

至此，無共用儲存遷移完成。使用本機存放區，DRS、HA、FT 等進階特性的使用會受到影響。

圖 6-1-20

## ▶ 6.2 設定和使用 DRS 服務

DRS,全稱為 Distributed Resource Scheduler,中文翻譯為「分散式資源轉換」。它是 VMware vSphere 虛擬化架構的進階特性之一,可以實現 ESXi 主機與虛擬機器的自動負載平衡。透過 vMotion 遷移可以將一台虛擬機器從一台 ESXi 主機遷移到另一台 ESXi 主機。如果生產環境中有幾十上百台 ESXi 主機或上千台虛擬機器,手動操作是不可靠的,而全自動化是一個可靠的解決方案。使用 VMware vSphere DRS 可以解決這個問題,透過參數的設定,虛擬機器可以在多台 ESXi 主機之間實現自動遷移,使 ESXi 主機與虛擬機器能夠實現負載平衡。本節主要介紹 DRS 的概念,以及如何設定和使用 DRS。

### 6.2.1 DRS 介紹

VMware vSphere 虛擬化架構中的叢集功能與傳統叢集存在差別:傳統叢集功能可能是多台伺服器同時運行某個應用服務,叢集是為了實現應用服務的負載平衡及故障切換,當某台伺服器出現故障後其他伺服器接替其工作,保障應用服務不會出現中斷;而 DRS 叢集功能是將 ESXi 主機組合起來,根據 ESXi 主機的負載情況,虛擬機器在 ESXi 主機之間自動遷移,實現 ESXi 主機的負載平衡。

### 1 · DRS 叢集主要功能介紹

VMware vSphere 虛擬化架構中 DRS 叢集是 ESXi 主機的組合,透過 vCenter Server 進行管理。其主要有以下功能。

#### (1)Initial Placement(初始放置)

當開啟 DRS 後,虛擬機器在打開電源時,系統會先計算 DRS 叢集內所有 ESXi 主機的負載情況,然後根據優先順序列出虛擬機器應該在某台 ESXi 主機上運行的建議。

#### (2)Dynamic Balancing(動態負載平衡)

當開啟 DRS 全自動化模式後,系統會計算 DRS 叢集內所有 ESXi 主機的負載情況,在虛擬機器執行時期,會根據 ESXi 主機的負載情況對虛擬機器自動進行遷移,以實現 ESXi 主機與虛擬機器的負載平衡。

#### (3)Power Management(電源管理)

DRS 叢集設定中有一個關於電源管理的設定,屬於額外的進階特性,需要 ESXi 主機 IPMI、外部 UPS 等裝置的支援。啟用電源管理後,系統會自動計算 ESXi 主機的負載,當某台 ESXi 主機負載很低時,會自動遷移上面運行的虛擬機器,然後關閉 ESXi 主機電源;當負載高的時候,ESXi 主機會開啟電源加入 DRS 叢集繼續運行。

### 2 · DRS 自動化等級介紹

VMware vSphere 虛擬化架構中 DRS 自動化等級分為 3 種情況,在生產環境中可根據不同的需要進行選擇。

#### (1)手動

DRS 自動化等級設定為手動模式需要人工操作,當虛擬機器打開電源時系統會自動計算 DRS 叢集中所有 ESXi 主機的負載情況,列出虛擬機器運行在哪台 ESXi 主機上的建議。優先順序越低,ESXi 主機性能越好,手動確認後,虛擬機器便在選定的 ESXi 主機上運行。

虛擬機器打開電源後,DRS 叢集預設情況下每隔 5 分鐘檢測叢集的負載情況,如果叢集中的 ESXi 主機負載不平衡,那麼系統會針對虛擬機器列出遷移建議,

當管理人員確認後虛擬機器立即執行遷移操作。

## （2）半自動

DRS 自動化等級設定為半自動模式需要部分人工操作，與手動模式不同的是，當虛擬機器打開電源時系統會自動計算 DRS 叢集中所有 ESXi 主機的負載情況，自動選定虛擬機器運行的 ESXi 主機，無須進行手動確認。

與手動模式一樣，虛擬機器打開電源後，DRS 叢集預設情況下每隔 5 分鐘檢測叢集的負載情況，如果叢集中的 ESXi 主機負載不平衡，那麼系統會針對虛擬機器列出遷移建議，當管理人員確認後虛擬機器立即執行遷移操作。

## （3）全自動

DRS 自動化等級設定為全自動模式不需要人工操作，當虛擬機器打開電源時系統會自動計算 DRS 叢集中所有 ESXi 主機的負載情況，自動選定虛擬機器運行的 ESXi 主機，無須進行手動確認。

與手動和半自動模式不一樣，虛擬機器打開電源後，DRS 叢集預設情況下每隔 5 分鐘檢測叢集的負載情況，如果叢集中的 ESXi 主機負載不平衡，那麼系統會自動遷移虛擬機器，無須手動確認。

### 3．DRS 遷移設定值介紹

DRS 自動化等級的 3 種模式可以根據生產環境的實際情況進行選擇，除去這 3 種等級外，在設定的時候需要注意 DRS 遷移設定值的設定，如果設定不當，會導致虛擬機器不遷移或頻繁遷移，影響虛擬機器的性能。DRS 遷移設定值有 5 個選項，從優先順序 1（保守）到優先順序 5（激進）。

## （1）優先順序為 1

在多數情況下，優先順序為 1 的 DRS 遷移設定值與 DRS 叢集的負載平衡無關，一般用於主機維護。在這樣的情況下，DRS 叢集不會進行虛擬機器遷移。

## （2）優先順序為 2

優先順序為 2 的 DRS 遷移設定值包括優先順序為 1 和 2 的建議。DRS 叢集預設情況下每隔 5 分鐘檢測叢集的負載情況，如果對於叢集內的 ESXi 主機負載平衡有重大改善則會進行虛擬機器遷移。

### （3）優先順序為 3

優先順序為 3 的 DRS 遷移設定值包括優先順序為 1、2、3 的建議，這是系統預設的 DRS 遷移設定值。DRS 叢集預設情況下每隔 5 分鐘檢測叢集的負載情況，如果對於叢集內的 ESXi 主機負載平衡有積極改善則會進行虛擬機器遷移。

### （4）優先順序為 4

優先順序為 4 的 DRS 遷移設定值包括優先順序為 1、2、3、4 的建議，這是多數生產環境中設定的 DRS 遷移設定值。DRS 叢集預設情況下每隔 5 分鐘檢測叢集的負載情況，如果對於叢集內的 ESXi 主機負載平衡有適當改善則會進行虛擬機器遷移。

### （5）優先順序為 5

優先順序為 5 的 DRS 遷移設定值包括優先順序為 1、2、3、4、5 的建議。DRS 叢集預設情況下每隔 5 分鐘檢測叢集的負載情況，叢集內的 ESXi 主機只要存在很細微的負載不均衡就會進行虛擬機器遷移。優先順序 5 也稱為激進模式。這種設定可能導致虛擬機器在不同的 ESXi 主機上頻繁遷移，甚至影響虛擬機器的性能。

## 4 · DRS 規則介紹

為了更進一步地調整 ESXi 主機與虛擬機器運行之間的關係，實現更好的負載平衡功能，VMware vSphere 虛擬化架構還提供了 DRS 虛擬機器及 ESXi 主機規則特性。使用這些規則，可以更進一步地實現負載平衡，以及避免單點故障。DRS 虛擬機器及 ESXi 主機規則的主要特性如下。

### （1）虛擬機器規則——聚集虛擬機器

聚集虛擬機器規則就是讓滿足這筆規則的虛擬機器在同一台 ESXi 主機上運行。以一個比較常見的案例來説明這筆規則。

生產環境中使用 Windows 作為主動目錄伺服器，使用 Exchange 作為郵件伺服器，這兩台伺服器之間的資料存取及同步相當頻繁。現在希望這兩台虛擬機器在同一台 ESXi 主機上運行，那麼可以透過建立聚集虛擬機器規則來實現。

**（2）虛擬機器規則——分開虛擬機器**

分開虛擬機器規則就是讓滿足這筆規則的虛擬機器在不同 ESXi 主機上運行。以一個比較常見的案例來說明這筆規則。

生產環境中使用 Windows 作為主動目錄伺服器，由於主動目錄伺服器備份及負載平衡的需要，再建立一台 Windows 作為額外的主動目錄伺服器，如果這兩台主動目錄伺服器運行在同一台 ESXi 主機上，就形成了 ESXi 主機單點故障，會導致兩台主動目錄伺服器均無法存取（不考慮使用 HA 等進階特性的問題）。現在希望這兩台虛擬機器在不同的 ESXi 主機上運行，那麼可以透過建立分開虛擬機器規則來實現。

**（3）ESXi 主機規則——虛擬機器到主機**

如果虛擬機器規則無法滿足需求，DRS 還提供了 ESXi 主機規則控制功能，預先定義好規則，可以控制使用某台虛擬機器在某台 ESXi 主機上運行，或不能在某台 ESXi 主機上運行等。ESXi 主機規則主要分為以下幾個選項。

- 必須在組內的主機上運行。
- 應該在組內的主機上運行。
- 禁止在組內的主機上運行。
- 不應該在組內的主機上運行。

這樣的規則與虛擬機器規則有一定的區別，ESXi 主機規則分為強制性和非強制性。

- 必須在組內的主機上運行和禁止在組內的主機上運行屬於強制性規則，規則生效後，虛擬機器必須或禁止在組內的主機上運行。
- 應用在組內的主機上運行和不應該在組內的主機上運行屬於非強制性規則，規則生效後，虛擬機器可以應用該規則，也可以違反該規則。非強制性規則需要結合 DRS 其他設定觀察具體效果。

**5・EVC 介紹**

Enhanced vMotion Compatibility，中文翻譯為「增強型 vMotion 相容性」，在 VMware vSphere 虛擬化環境中，可以防止因 CPU 不相容而導致的虛擬機器遷移失敗問題。在生產環境中，伺服器型號及硬體型號不可能完全相同，特別是

CPU 具有的指令集及特性會影響遷移過程或遷移後虛擬機器的正常執行。為大幅解決相容性問題，VMware vSphere 為不同型號的 CPU 提供了增強型 vMotion 相容模式（EVC）。

## 6.2.2　設定啟用 EVC

在建立叢集的時候建議打開 EVC 後再建立虛擬機器，這樣可以避免由於 CPU 相容問題導致遷移、DRS 出現問題。

第 1 步，預設情況下 EVC 處於禁用狀態，如圖 6-2-1 所示，選中「Intel® 主機啟用 EVC」選項按鈕，點擊「確定」按鈕。

圖 6-2-1

第 2 步，選擇 CPU 模式，Merom 模式出現相容性問題，如圖 6-2-2 所示。查看描述，Merom 模式屬於早期的 Xeon Core 處理器，很明顯伺服器 CPU 不屬於這些類型。

圖 6-2-2

第 3 步，調整 EVC 模式為 Sandy Bridge Generation，相容性驗證成功，如圖 6-2-3 所示，點擊「確定」按鈕。

圖 6-2-3

第 4 步，完成 EVC 的啟用，如圖 6-2-4 所示，啟用後就不會出現 CPU 指令集不同而導致的無法遷移等情況。

圖 6-2-4

至此，設定使用 EVC 完成。如果啟用 EVC 出現相容性問題，可以透過嘗試關閉或遷移不相容虛擬機器及主機的方式來啟用。

## 6.2.3　設定啟用 DRS 服務

在設定啟用 DRS 服務之前，必須確認已啟用 EVC。本節將介紹 DRS 的設定。

第 1 步，預設情況下 DRS 服務處於關閉狀態，如圖 6-2-5 所示，點擊「編輯」按鈕。

圖 6-2-5

第 2 步，編輯叢集設定啟用 DRS，DRS 自動化等級有手動、半自動、全自動 3
種模式。3 種模式的區別如下：「手動」模式虛擬機器開機及遷移都需要手動
確定；「半自動」與「全自動」模式虛擬機器開機不需要手動確定，兩者的區
別在於負載時是否需要手動確定。選擇「手動」模式，如圖 6-2-6 所示，點擊「確
定」按鈕。

圖 6-2-6

第 3 步，叢集已啟用 DRS 服務，如圖 6-2-7 所示。

圖 6-2-7

第 4 步，打開虛擬機器電源，DRS 會自動計算 ESXi 主機負載情況，列出虛擬機器運行主機的建議，虛擬機器在建議 1 選擇的主機運行，如圖 6-2-8 所示，點擊「確定」按鈕。

圖 6-2-8

第 5 步，在叢集的監控中可以查看 DRS 運行建議。點擊「立即運行 DRS」按鈕，如圖 6-2-9 所示，叢集開始重新計算負載情況，然後觸發虛擬機器因為負載情況遷移。

圖 6-2-9

第6步，在叢集的監控中可以查看 DRS 觸發遷移的歷史紀錄，如圖6-2-10所示。

至此，基本的 DRS 設定完成。生產環境中一般推薦使用「全自動」模式，盡可能地減少人工操作，這樣才能實現自動化。當然，在一些環境中需要手動干預的情況下，需要選擇「手動」或「半自動」模式。

圖 6-2-10

## 6.2.4 設定和使用規則

透過前面章節的學習，大家掌握了基本的遷移及 DRS 自動化運行。在生產環境中，可能需要對虛擬機器及主機做更精細的控制，這時可以使用規則來實現，如生產環境中有 2 台提供相同服務的虛擬機器，為了保證容錯，讓 2 台虛擬機器必須運行在不同的 ESXi 主機上。

第1步，查看叢集的設定資訊，發現沒有任何虛擬機器 / 主機規則，如圖6-2-11所示，點擊「增加」按鈕。

圖 6-2-11

第 2 步，建立虛擬機器／主機規則。類型選擇為「分別保存虛擬機器」，其作用是列出的虛擬機器必須在不同的主機上運行，如圖 6-2-12 所示，點擊「確定」按鈕。

圖 6-2-12

第 3 步，規則建立完成，如圖 6-2-13 所示。

圖 6-2-13

第 4 步，規則建立後需要進行觸發生效，未生效前兩台虛擬機器運行在同一台 ESXi 主機上，如圖 6-2-14 所示。

第 5 步，查看 DRS 運行建議，系統提示需要將虛擬機器進行遷移以滿足規則，如圖 6-2-15 所示，點擊「應用建議」按鈕完成規則應用。需要說明的是，如果 DRS 選擇「全自動」模式則不需要手動確定。

第 6 步，生產環境中如果虛擬機器及主機較多，可以建立虛擬機器及主機組來實現精細化控制。使用組規則需要建立主機組及虛擬機器組，先建立主機組，增加 2 台 ESXi 主機，如圖 6-2-16 所示，點擊「確定」按鈕。

圖 6-2-14

圖 6-2-15

創建虛擬机/主機組　VSAN-7　✕

名稱：　ESXI01-02

類型：　主機組 ▼

➕ 添加... ✖ 移除

| 成员 ↑ |
| --- |
| 🖥 10.92.10.1 |
| 🖥 10.92.10.2 |

取消　確定

圖 6-2-16

第 7 步，建立虛擬機器組，選擇 2 台虛擬機器，如圖 6-2-17 所示，點擊「確定」按鈕。

第 8 步，建立組規則，呼叫虛擬機器組及主機組。虛擬機器組中的虛擬機器必須在主機組中的 ESXi 主機上運行，如圖 6-2-18 所示，點擊「確定」按鈕。

圖 6-2-17　　　　　　　　　　　　　　圖 6-2-18

第 9 步，新的規則建立完成，如圖 6-2-19 所示。

圖 6-2-19

第 10 步，查看 DRS 運行建議，系統提示需要將虛擬機器進行遷移以滿足規則，如圖 6-2-20 所示，點擊「應用建議」按鈕完成規則應用。

至此，設定和使用規則完成，在生產環境中推薦設定多筆規則來實現對虛擬機器、主機進行精細化控制。需要注意的是，規則需要良好的設計，不能出現衝突的情況，規則衝突可能導致虛擬機器運行出現問題。

圖 6-2-20

## ▶ 6.3 設定和使用 HA 特性

HA，全稱為 High Availability，中文翻譯為「高可用」。它是 VMware vSphere 虛擬化架構的進階特性之一，使用 HA 可以實現虛擬機器的高可用，降低成本的同時無須使用硬體的解決方案。HA 的運行機制是監控叢集中的 ESXi 主機及虛擬機器，透過設定合適的策略，當叢集中的 ESXi 主機或虛擬機器發生故障時可以自動到其他的 ESXi 主機上進行重新開機，大幅地保證重要的服務不中斷。本節將介紹如何設定和使用進階特性 HA。

### 6.3.1　HA 基本概念

VMware vSphere 虛擬化架構 HA 從 5.0 版本開始使用一個名稱為錯誤域管理器（Fault Domain Manager，FDM）的叢集作為高可用的基礎。HA 將虛擬機器及 ESXi 主機集中在叢集內，從而為虛擬機器提供高可用性。叢集中所有 ESXi 主機均會受到監控，如果某台 ESXi 主機發生故障，故障 ESXi 主機上的虛擬機器將在叢集中正常的 ESXi 主機上重新開機。

**1 · HA 運行的基本原理**

當在叢集啟用 HA 時，系統會自動選舉一台 ESXi 主機作為首選主機（也稱為 Master 主機），其餘的 ESXi 主機作為從屬主機（也稱為 Slave 主機）。Master 主機與 vCenter Server 進行通訊，並監控所有受保護的從屬主機的狀態。

Master 主機透過管理網路和資料儲存檢測訊號來確定故障的類型。當不同類型的 ESXi 主機出現故障時，Master 主機檢測並對應地處理故障。當 Master 主機本身出現故障的時候，Slave 主機會重新進行選舉產生新的 Master 主機。

## 2 · Master/Slave 主機選舉機制

一般來說，Master/Slave 主機選舉的是儲存最多的 ESXi 主機，如果 ESXi 主機的儲存相同時，會使用 MOID 來進行選舉。當 Master 主機選舉產生後，會通告給其他 Slave 主機。當選舉產生的 Master 主機出現故障時，會重新選舉產生新的 Master 主機。Master/Slave 主機工作原理如下。

（1）Master 主機監控所有 Slave 主機，當 Slave 主機出現故障時重新開機虛擬機器。

（2）Master 主機監控所有被保護虛擬機器的電源狀態，如果被保護的虛擬機器出現故障，將重新開機虛擬機器。

（3）Master 主機發送心跳資訊給 Slave 主機，讓 Slave 主機知道 Master 的存在。

（4）Master 主機報告狀態資訊給 vCenter Server，vCenter Server 正常情況下只和 Master 主機通訊。

（5）Slave 主機監視本地運行的虛擬機器狀態，把這些虛擬機器運行狀態的顯著變化發送給 Master 主機。

（6）Slave 主機監控 Master 主機的健康狀態，如果 Master 主機出現故障，Slave 主機將參與 Master 主機的選舉。

## 3 · ESXi 主機故障類型

HA 透過選舉產生 Master/Slave 主機，當檢測到主機故障的時候，虛擬機器會進行重新啟動。在 HA 叢集中，ESXi 主機故障可以分為以下 3 種情況。

### （1）主機停止運行

比較常見的是主機物理硬體故障或電源等原因導致主機停止回應，不考慮其他特殊的原因造成的 ESXi 主機停止運行，停止運行的 ESXi 主機上的虛擬機器會在 HA 叢集中其他 ESXi 主機上重新開機。

## （2）主機與網路隔離

主機與網路隔離是一種比較特殊的現象，大家知道 HA 使用管理網路及存放裝置進行通訊，如果 Master 主機不能透過管理網路與 Slave 主機進行通訊，那麼會透過儲存來確認 ESXi 主機是否存活，這樣的機制可以讓 HA 判斷主機是否處於網路隔離狀態。在這種情況下，Slave 主機會透過 heartbeat datastores 來通知 Master 主機它已經是隔離狀態，具體而言，Slave 主機是透過一個特殊的二進位檔案——host-X-poweron 來通知 Master 主機能夠採取適當的措施來保護虛擬機器。當一個 Slave 主機已經檢測到自己是網路隔離狀態，它會在 heartbeat datastores 上生成 host-X-poweron，Master 主機看到這個檔案後就知道 Slave 主機已經是隔離狀態，然後 Master 主機透過 HA 鎖定其他檔案（datastores 上的其他檔案），當 Slave 主機看到這些檔案已經被鎖定就知道 Master 主機正在重新開機虛擬機器，然後 Slave 主機可以執行設定過的隔離回應動作（如關機或關閉電源）。

## （3）主機與網路磁碟分割

主機與網路磁碟分割也是一種比較特殊的現象，有可能出現一個或多個 Slave 主機透過管理網路聯繫不到 Master 主機，但是它們的網路連接沒有問題。在這種情況下，HA 可以透過 heartbeat datastores 來檢測分割的主機是否存活，以及是否要重新開機處於網路磁碟分割 ESXi 主機中的虛擬機器。

## 4 · ESXi 主機故障響應方式

當 ESXi 主機發生故障而重新開機虛擬機器時，可以使用「虛擬機器重新啟動優先順序」控制重新開機虛擬機器的順序，以及使用「主機隔離回應」來關閉運行的虛擬機器電源，然後在其他 ESXi 主機上重新開機。

## （1）虛擬機器重新啟動優先順序

使用「虛擬機器重新啟動優先順序」可以控制重新開機虛擬機器的順序，這樣的控制在生產環境中非常有用，每一台虛擬機器的重要性並不是完全相等的，HA 將其劃分為高、中等和低三級。當虛擬機器設定了優先順序後，在 ESXi 主機出現故障並且系統資源充足的情況下，HA 會先啟動優先順序為高的虛擬機器，其次是優先順序為中等的虛擬機器，最後是優先順序為低的虛擬機器；如

果系統資源不足，HA 會先啟動優先順序為高的虛擬機器，對於優先順序為中等和低的虛擬機器，可能等待資源足夠的時候才會重新啟動。這樣的機制能夠更進一步地控制由於 ESXi 主機故障引發的虛擬機器重新開機。

## （2）主機隔離回應

「主機隔離回應」確定 HA 叢集內的某個 ESXi 主機失去管理網路連接，但仍繼續執行時期將發生的情況。當 HA 叢集內的 ESXi 主機無法與其他 ESXi 主機上運行的代理通訊且無法 ping 通隔離位址時，那麼該 ESXi 主機可以被稱為隔離。然後，ESXi 主機會執行其隔離回應。這種情況下 HA 會關閉被隔離的 ESXi 主機上運行的虛擬機器電源，然後在非隔離主機上進行重新開機。

## 5‧HA 存取控制策略

HA 使用存取控制來確保叢集內具有足夠的資源，以便提供故障切換時使虛擬機器可以重新啟動。其核心就是存取控制策略的設定，如當進行故障切換時，HA 是否允許啟動超過叢集資源的虛擬機器。在介紹存取控制策略之前，必須先了解插槽及插槽大小。

## （1）插槽及插槽大小

VMware 從 5.5 版本開始引入了插槽及插槽大小的概念，增加了了解的難度。那麼什麼是插槽及插槽大小？插槽大小由 CPU 和記憶體元件組成。

HA 計算 CPU 元件的方法是先獲取每台已打開電源的虛擬機器的 CPU 預留，然後再選擇最大值。如果沒有為虛擬機器指定 CPU 預留，則系統會為其分配一個預設值 32MHz。

HA 計算記憶體元件的方法是先獲取每台已打開電源的虛擬機器的記憶體預留和記憶體負擔，然後再選擇最大值。記憶體預留沒有預設值。

如何計算插槽？用主機的 CPU 資源數除以插槽大小的 CPU 元件，然後將結果化整。對主機的記憶體資源數進行同樣的計算。然後，比較這兩個數字，較小的那個數字即為主機可以支援的插槽數，如圖 6-3-1 所示。

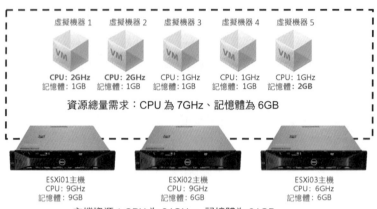

圖 6-3-1

這裡以一個比較經典的案例來介紹。如圖 6-3-1 所示，叢集包括 3 台 ESXi 主機，其中，ESXi01 主機可用 CPU 資源和可用記憶體分別為 9GHz 和 9GB，ESXi02 主機可用 CPU 資源和可用記憶體分別為 9GHz 和 6GB，ESXi03 主機可用 CPU 資源和可用記憶體分別為 6GHz 和 6GB。這個叢集內有 5 台已打開電源的虛擬機器，其 CPU 和記憶體要求各不相同，虛擬機器 1 所需的 CPU 資源和記憶體分別為 2GHz 和 1GB，虛擬機器 2 所需的 CPU 資源和記憶體分別為 2GHz 和 1GB，虛擬機器 3 所需的 CPU 資源和記憶體分別為 1GHz 和 1GB，虛擬機器 4 所需的 CPU 資源和記憶體分別為 1GHz 和 1GB，虛擬機器 5 所需的 CPU 資源和記憶體分別為 1GHz 和 2GB。了解資源情況後就可以進行計算了，其計算步驟如下。

第 1 步，比較虛擬機器的 CPU 和記憶體要求，然後選擇最大值，從而計算出插槽大小。圖 6-3-1 中虛擬機器 1 和虛擬機器 2 所需 CPU 最大值為 2GHz，虛擬機器 5 所需最大記憶體為 2GB。根據計算規則，插槽大小為 2GHz CPU 和 2GB 記憶體。

第 2 步，計算出插槽大小後，就可以計算每台主機可以支援的最大插槽數目。ESXi01 主機可以支援 4 個插槽（9GHz/2GHz 和 9GB/2GB 都等於 4.5，結果取整數為 4），ESXi02 主機可以支援 3 個插槽（9GHz/2GHz 等於 4.5，6GB/2GB 等於 3，取較小的值為 3），ESXi03 主機可以支援 3 個插槽（6GHz/2GHz 和 6GB/2GB 都等於 3，設定值為 3）。

當計算出插槽大小後，vSphere HA 會確定每台主機中可用於虛擬機器的 CPU 和記憶體資源。這些值包含在主機的根資源池中，而非主機的總物理資源中。可以在 vSphere Web Client 中主機的「摘要」標籤中尋找 vSphere HA 所用主機的資源資料。如果叢集中的所有主機均相同，則可以用叢集等級指數除以主機的數量來獲取此資料。不包括用於虛擬化目的的資源。只有處於連接狀態、未進入維護模式且沒有任何 vSphere HA 錯誤的主機才列入計算範圍。然後，即可確定每台主機可以支援的最大插槽數目。為確定此數目，要求透過確定可以發生故障並仍然有足夠插槽滿足所有已打開電源的虛擬機器要求的主機的數目（從最大值開始）來計算當前故障切換容量。

**（2）存取控制策略：按靜態主機數量定義故障切換容量**

了解了插槽概念後，再來了解「按靜態主機數量定義故障切換容量」會有事半功倍的效果。所謂的「按靜態主機數量定義故障切換容量」策略就是允許 HA 叢集中幾台 ESXi 主機可以發生故障，如果設定為 1，當叢集中有 1 台 ESXi 主機發生故障時，故障 ESXi 主機上的虛擬機器會進行重新啟動。同時，這個策略需要使用插槽及插槽大小的概念。

以圖 6-3-1 為例，插槽數最多的主機是 ESXi01 主機，擁有 4 個插槽，如果 ESXi01 主機發生故障，叢集內 ESXi02 和 ESXi03 主機還有 6 個插槽，虛擬機器 1～虛擬機器 5 使用沒有問題。如果 ESXi02 和 ESXi03 主機其中一台再發生故障，那麼叢集內將僅剩下 3 個插槽，而打開電源的虛擬機器數量有 5 台，需要 5 個插槽，很明顯這樣的故障切換將失敗，因為存取控制策略允許故障主機數量為 1。

**（3）存取控制策略：透過預留一定百分比的叢集資源來定義故障切換容量**

「透過預留一定百分比的叢集資源來定義故障切換容量」策略是計算出主機的 CPU 和記憶體資源總和，從而得出虛擬機器可使用的主機資源總數。這些值包含在主機的根資源池中，而非主機的總物理資源中。不包括用於虛擬化目的的資源。只有處於連接狀態、未進入維護模式而且沒有 vSphere HA 錯誤的主機才列入計算範圍。

如圖 6-3-2 所示，叢集包括 3 台 ESXi 主機，其中，ESXi01 主機可用 CPU 資源和可用記憶體分別為 9GHz 和 9GB，ESXi02 主機可用 CPU 資源和可用記憶體

分別為 9GHz 和 6GB，ESXi03 主機可用 CPU 資源和可用記憶體分別為 6GHz 和 6GB。這個叢集內有 5 台已打開電源的虛擬機器，其 CPU 和記憶體要求各不相同，虛擬機器 1 所需的 CPU 資源和記憶體分別為 2GHz 和 1GB，虛擬機器 2 所需的 CPU 資源和記憶體分別為 2GHz 和 1GB，虛擬機器 3 所需的 CPU 資源和記憶體分別為 1GHz 和 1GB，虛擬機器 4 所需的 CPU 資源和記憶體分別為 1GHz 和 1GB，虛擬機器 5 所需的 CPU 資源和記憶體分別為 1GHz 和 2GB。將預留的故障切換 CPU 和記憶體容量設定為 25%，其計算步驟如下。

① 叢集中已打開電源的 5 台虛擬機器的總資源要求為 7GHz CPU 和 6GB 記憶體。

② ESXi 主機可用於虛擬機器的主機資源總數為 24GHz CPU 和 21GB 記憶體。

根據上述情況，當前的 CPU 故障切換容量為 70% ((24GHz　7GHz)/24GHz)。當前的記憶體故障切換容量為 71% ((21GB　6GB)/21GB)。叢集的設定的故障切換容量設定為 25%，因此仍然可使用 45% 的叢集 CPU 資源總數和 46% 的叢集記憶體資源打開其他虛擬機器電源。

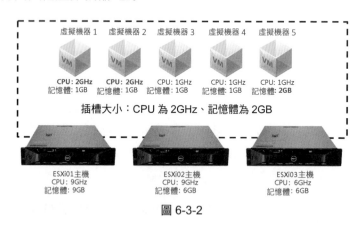

圖 6-3-2

需要注意的是，預留資源越多，ESXi 主機在非故障切換時能夠運行的虛擬機器就會減少。

### （4）存取控制策略：使用專用故障切換主機

此策略可以指定因為故障需要切換時，虛擬機器將在特定的某台 ESXi 主機上進行重新開機。如果使用「指定故障切換主機」存取控制策略，則在主機發生故障時，vSphere HA 將嘗試在任一指定的故障切換主機上重新開機其虛擬機

器。如果不能使用此方法（舉例來說，故障切換主機發生故障或資源不足時），則 vSphere HA 會嘗試在叢集內的其他主機上重新開機這些虛擬機器。為了確保故障切換主機上擁有可用的空閒容量，將阻止使用者打開虛擬機器電源或使用 vMotion 將虛擬機器遷移到故障切換主機。而且，為了保持負載平衡，DRS 也不會使用故障切換主機。一般來説，這樣的策略常用於備用 ESXi 主機的中大型環境。

## 6.3.2　HA 基本設定

在 VMware vSphere 環境中，HA 的設定基於叢集，在建立叢集的時候可以選擇啟用 HA，如果建立的時候未啟用，可以後續在叢集中啟用。需要説明的是，HA 服務在圖形化介面中也顯示為「vSphere 可用性」。本節將介紹 HA 的基本設定。

第 1 步，查看服務中的 vSphere 可用性，發現其狀態為關閉，如圖 6-3-3 所示，點擊「編輯」按鈕。

圖 6-3-3

第 2 步，處於關閉狀態的 vSphere HA 所有參數均不可設定，如圖 6-3-4 所示，點擊 vSphere HA 旁邊的狀態按鈕啟用 HA。

圖 6-3-4

第 3 步，設定故障和響應。此處設定「主機故障響應」方式為「重新開機虛擬機器」，「虛擬機器監控」方式為「僅虛擬機器監控」，其他參數為禁用，如圖 6-3-5 所示。

圖 6-3-5

第 4 步，設定存取控制策略。「主機故障切換容量的定義依據」使用「叢集資源百分比」，其他參數使用預設值，如圖 6-3-6 所示。

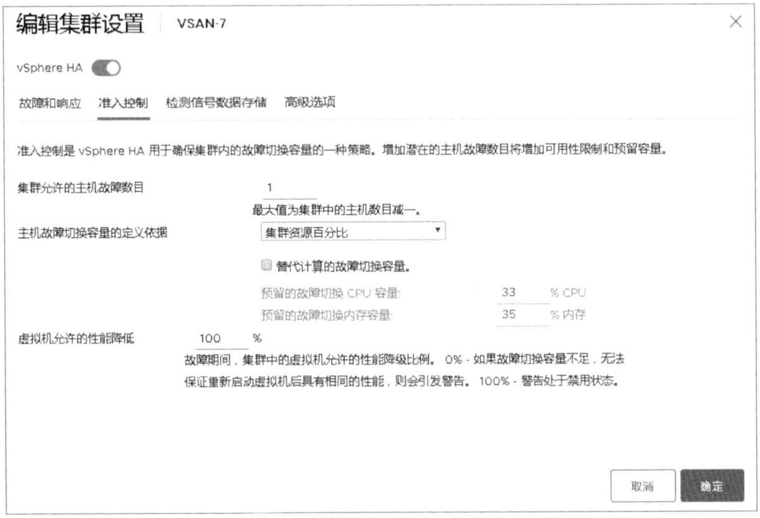

圖 6-3-6

第 5 步，設定檢測訊號資料儲存。HA 要求使用 2 個資料儲存用於檢測故障資訊，如果只使用 1 個資料儲存會出現警告提示，不推薦透過修改系統參數來隱藏警告提示，如圖 6-3-7 所示。

圖 6-3-7

第 6 步，進階選項參數一般不設定，如圖 6-3-8 所示，點擊「確定」按鈕。

圖 6-3-8

第 7 步，叢集 vSphere HA 服務已啟用，如圖 6-3-9 所示。

第 8 步，查看叢集監控中的 vSphere HA 摘要資訊，可以看到主機狀態及受保護的虛擬機器數量，如圖 6-3-10 所示。

圖 6-3-9

圖 6-3-10

第 9 步，查看叢集監控中的 vSphere HA 檢測訊號，可以看到用於檢測訊號的資料儲存，如圖 6-3-11 所示。

第 10 步，查看叢集監控中的 vSphere HA 設定問題，如果 HA 設定有問題，此處會顯示，如圖 6-3-12 所示。生產環境中一定要確認 HA 設定是否存在問題，如果設定有問題可能會導致 HA 不能正常執行。

圖 6-3-11

圖 6-3-12

第 11 步，查看叢集監控中處於 APD 或 PDL 狀況的資料儲存，由於未設定，所以此處無顯示，如圖 6-3-13 所示。

圖 6-3-13

第 12 步，查看 IP 位址為 10.92.10.1 的主機的摘要資訊，可以發現主機處於 Master 主機角色，如圖 6-3-14 所示。

圖 6-3-14

第 13 步,查看 IP 位址為 10.92.10.2 的主機的摘要資訊,可以發現主機處於 Slave 主機角色,如圖 6-3-15 所示。

圖 6-3-15

第 14 步，查看 IP 位址為 10.92.10.3 的主機的虛擬機器，可以發現其下運行著 vROPS-8.1 及 CentOS7-HA02 兩台虛擬機器，如圖 6-3-16 所示。

圖 6-3-16

第 15 步，斷開 IP 位址為 10.92.10.3 的主機的所有網路，模擬生產環境故障。當主機網路斷開後，觸發 HA 警示，如圖 6-3-17 所示。

第 16 步，HA 的故障切換過程是虛擬機器在其他主機進行重新開機，虛擬機器 CentOS7- HA02 在 IP 位址為 10.92.10.4 的主機上進行重新啟動，如圖 6-3-18 所示。

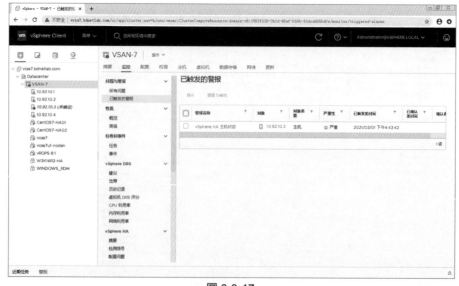

圖 6-3-17

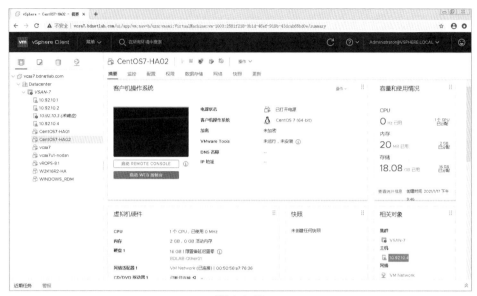

圖 6-3-18

第 17 步，虛擬機器 vROPS-8.1 在 IP 位址為 10.92.10.2 的主機上進行重新啟動，如圖 6-3-19 所示。

第 18 步，查看虛擬機器 vROPS-8.1 的監控事件資訊，可以看到觸發的重新啟動操作，如圖 6-3-20 所示。

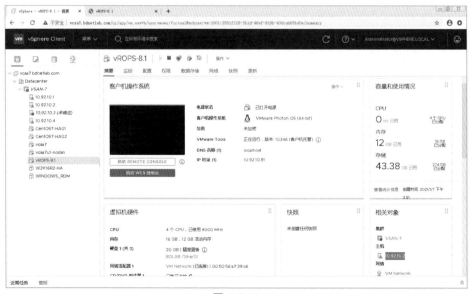

圖 6-3-19

圖 6-3-20

至此，基本的 HA 設定完成，透過模擬主機故障也實現了 HA 故障切換。需要注意的是，HA 的故障切換是虛擬機器重新開機，對外提供的服務會中斷，同時重新開機時間及服務啟動是不可控的。因此，觸發 HA 後的虛擬機器重新啟動建議運行維護人員即時監控，虛擬機器重新開機後而服務未啟動可以手動操作。

### 6.3.3　調整 HA 存取控制

上一節使用了預設策略，但在生產環境中會根據實際情況選擇不同的切換策略，切換策略主要是透過存取控制進行調整。本節將介紹其他存取控制策略的設定。

第 1 步，調整存取控制為插槽策略。使用預設設定涵蓋所有已打開電源的虛擬機器，如圖 6-3-21 所示，點擊「確定」按鈕。

圖 6-3-21

第 2 步，查看叢集監控摘要，插槽大小使用預設值，叢集內插槽總數根據插槽大小進行計算評估，如圖 6-3-22 所示。結合本節理論部分內容，「已使用插槽數」為「5」，可以視為運行的 5 台虛擬機器，4 台主機可以使用插槽數是 2476，可以視為運行 2476 台虛擬機器，此值是使用預設插槽進行計算，與實際設定不匹配，因此需要手動調整插槽大小。

第 3 步，結合生產環境中虛擬機器的 CPU 及記憶體使用情況，手動調整插槽大小。「CPU 插槽大小」設定為「2000MHz」，「記憶體插槽大小」設定為「2048MB」，如圖 6-3-23 所示，點擊「確定」按鈕。

第 4 步，重新計算後的叢集內插槽總數為 40，也就是能夠運行約 40 台虛擬機器，已使用插槽數為 5，就是目前運行 5 台虛擬機器，如圖 6-3-24 所示。結合叢集主機整體設定，調整後的插槽是合理的，更匹配生產環境的具體情況。

vSphere Client
VSAN-7
摘要
监控
配置
权限
主机
虚拟机
数据存储
网络
更新
vcsa7.bdnetlab.com
Datacenter
VSAN-7
10.92.10.1
10.92.10.2
10.92.10.3
10.92.10.4
CentOS7-HA01
CentOS7-HA02
vcsa7
vcsa7u1-nodsn
vROPS-8.1
W2K16R2-HA
WINDOWS_RDM
任务
事件
vSphere DRS
建议
故障
历史记录
虚拟机 DRS 评分
CPU 利用率
内存利用率
网络利用率
vSphere HA
摘要
检测信号
配置问题
资源分配
CPU
内存
存储
利用率
存储概览
安全
摘要
刷新
主机
主要 10.92.10.1
已连接到主代理的主机 3
未连接到主代理的主机 0
无法访问 vSphere HA 代理 0
vSphere HA 代理配置错误 0
主机出现故障 0
网络已隔离 0
网络已分区 0
vSphere HA 代理正在初始化 0
已与 vCenter 断开连接 0
待机模式 0
维护模式 0
取消配置 vSphere HA 代理发生故障 0
虚拟机
受保护 5
不受保护 0
高级运行时信息
插槽大小 32 MHz
124 MB
集群内的插槽总数 2476
已使用的插槽数 5
可用插槽数 1838
故障切换插槽数 633
集群内已打开电源的虚拟机的总数 5
集群内的主机总数 4
集群内正常主机的总数 4
近期任务
警报

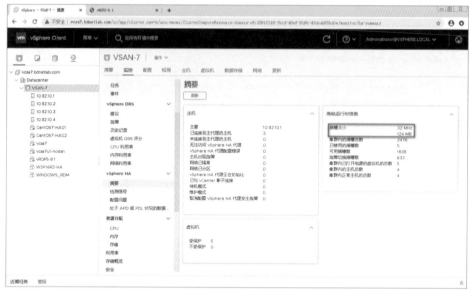

圖 6-3-22

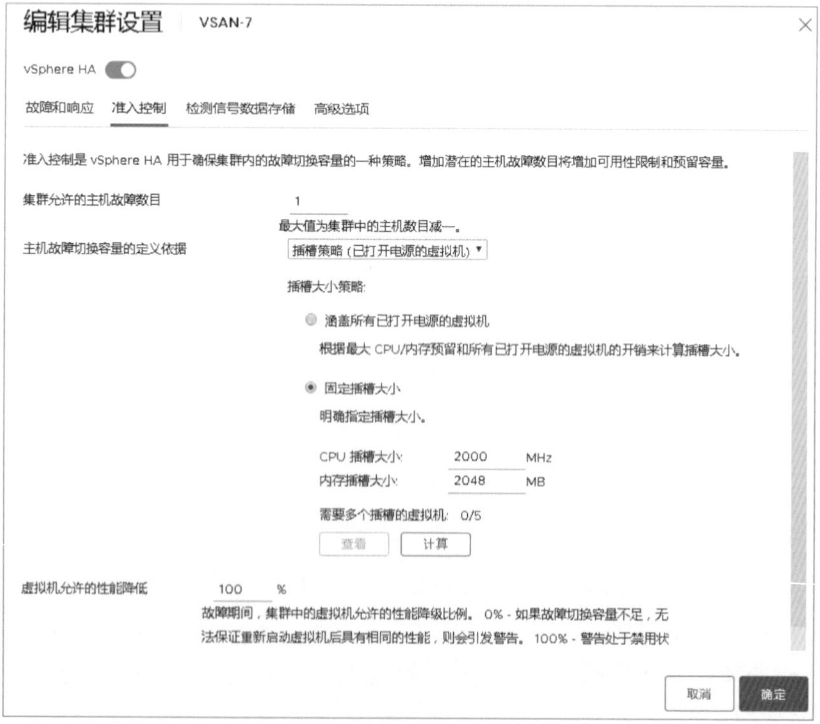

编辑集群设置 VSAN-7
vSphere HA
故障和响应
准入控制
检测信号数据存储
高级选项
准入控制是 vSphere HA 用于确保集群内的故障切换容量的一种策略。增加潜在的主机故障数目将增加可用性限制和预留容量。
集群允许的主机故障数目 1
最大值为集群中的主机数目减一。
主机故障切换容量的定义依据 插槽策略 (已打开电源的虚拟机)
插槽大小策略:
涵盖所有已打开电源的虚拟机
根据最大 CPU/内存预留和所有已打开电源的虚拟机的开销来计算插槽大小。
固定插槽大小
明确指定插槽大小。
CPU 插槽大小: 2000 MHz
内存插槽大小: 2048 MB
需要多个插槽的虚拟机: 0/5
查看
计算
虚拟机允许的性能降低 100 %
故障期间，集群中的虚拟机允许的性能降级比例。0% - 如果故障切换容量不足，无法保证重新启动虚拟机后具有相同的性能，则会引发警告。100% - 警告处于禁用状
取消
确定

圖 6-3-23

圖 6-3-24

第 5 步，HA 存取控制中比較特殊是「專用故障切換主機」，該選項的作用就
是指定一台或多台主機作為故障切換使用，適用於有單獨備機的環境，如圖
6-3-25 所示。

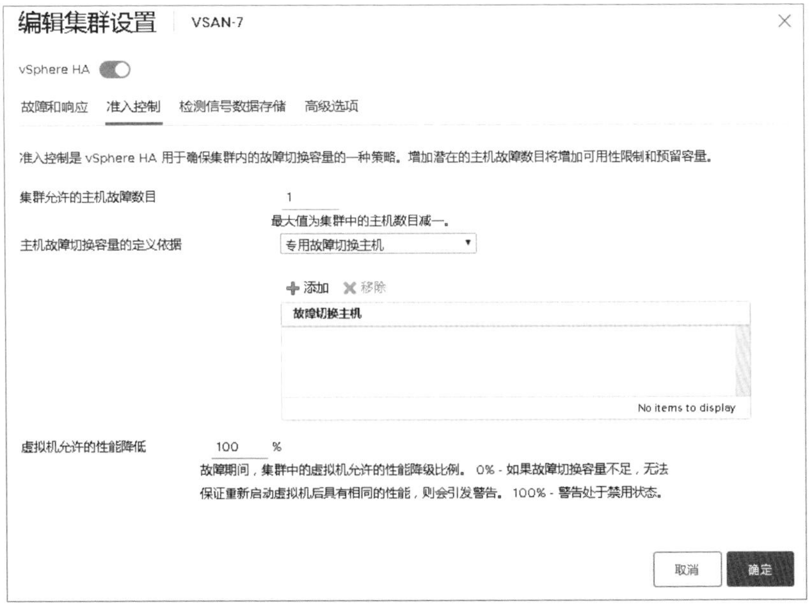

編輯集群設置　VSAN-7　✕

vSphere HA 🔵

故障和響應　准入控制　檢測信號數據存儲　高級選項

准入控制是 vSphere HA 用于確保集群內的故障切換容量的一種策略。增加潛在的主機故障數目將增加可用性限制和預留容量。

集群允許的主機故障數目　　　　1
　　　　　　　　　　　　　　　　最大值為集群中的主機數目減一。
主機故障切換容量的定義依據　　专用故障切换主机　▼

　　　　　　　　　　　　➕ 添加　✖ 移除
　　　　　　　　　　　　故障切换主机

　　　　　　　　　　　　　　　　　　　　　No items to display

虛擬機允許的性能降低　　　100　　%
　　　　　　　　　　　　　故障期間，集群中的虛擬機允許的性能降級比例。0% - 如果故障切換容量不足，无法
　　　　　　　　　　　　　保证重新启动虚拟机后具有相同的性能，则会引发警告。100% - 警告处于禁用状态。

取消　　確定

圖 6-3-25

## 6.3.4　調整 HA 其他策略

細心的讀者可以發現，在前面小節中設定故障和響應的時候有兩個參數處於禁用狀態：處於 PDL 狀態的資料儲存和處於 APD 狀態的資料儲存。這兩個參數主要是針對儲存方面的，與儲存息息相關，對初學者或對儲存不太熟悉的運行維護人員來說，建議禁用。本節將簡單介紹這兩個參數。

**1 · 處於 PDL 狀態的資料儲存**

什麼是處於 PDL 狀態？簡單來說就是有存放裝置處於遺失狀態，儲存顯示為不可用的狀態，對出現這種狀態，虛擬機器應該如何回應，如圖 6-3-26 所示。在生產環境中，如果虛擬機器使用的儲存處於遺失狀態，説明儲存可能出現問題，這時虛擬機器應該也不能存取，一般來説，建議將其設定為「禁用」。

圖 6-3-26

## 2 · 處於 APD 狀態的資料儲存

什麼是處於 APD 狀態？主要是儲存路徑異常導致的儲存不可用，對出現這種狀態，虛擬機器應該如何回應，如圖 6-3-27 所示。與 PDL 狀態大致相同，在生產環境中，如果虛擬機器使用的儲存處於 APD 狀態，有可能由於路徑問題導致儲存不可用，這時虛擬機器應該也不能存取，一般來說，建議將其設定為「禁用」。

## 3 · 已禁用 Proactive HA

什麼是 Proactive HA ？可以將其了解為設定主動 HA，該選項必須設定 DRS 才能編輯，如圖 6-3-28 所示。

圖 6-3-27

圖 6-3-28

預設情況下，Proactive HA 處於未啟用狀態，如圖 6-3-29 所示。

圖 6-3-29

啟用 Proactive HA 主要有兩個選項：自動化等級和修復，如圖 6-3-30 所示。「自動化等級」用於確定主機隔離、維護模式及虛擬機器遷移是建議還是自動；「修

復」是確定部分降級的主機如何使用，舉例來說，讓故障主機處於維護模式，虛擬機器就不會在該故障主機上運行了。

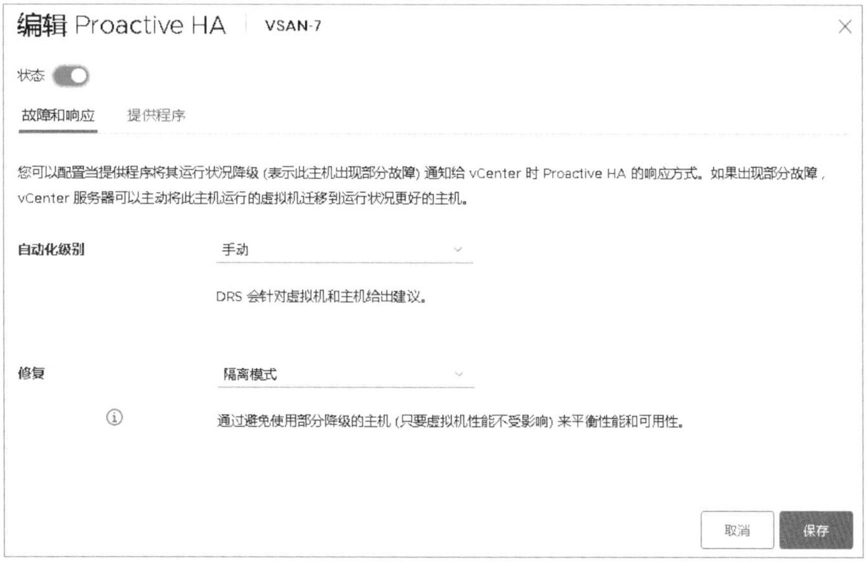

圖 6-3-30

至此，調整 HA 其他策略完成，生產環境中建議根據實際情況選擇是否使用各種策略。

## ▶ 6.4 設定和使用 FT 功能

FT，全稱為 Fault Tolerance，中文翻譯為「容錯」，可了解為 vSphere 環境下虛擬機器的雙機熱備份。FT 進階特性是 VMware vSphere 虛擬化架構中非常讓人激動的功能。使用 HA 可以實現虛擬機器的高可用，但虛擬機器重新啟動的時間不可控。而使用 FT 就可以成功避免此問題，因為 FT 相當於虛擬機器的雙機熱備份，它以主從方式同時運行在兩台 ESXi 主機上，如果主虛擬機器的 ESXi 主機發生故障，另一台 ESXi 主機上運行的從虛擬機器立即接替工作，應用服務不會出現任何的中斷。和 HA 相比，FT 更具優勢，它幾乎將故障的停止時間降到零。特別是 VMware vSphere 7.0 版本虛擬機器最多可以使用 8 個 vCPU，極大地增加了 FT 在生產環境中的應用。本節將介紹如何設定和使用 FT。

# 6.4.1　FT 工作方式

VMware vSphere 5.X 版本中 FT 使用 vLockstep 技術來實現容錯，其本質是錄製 / 播放功能。當虛擬機器啟用 FT 後，虛擬機器一主一從同時在兩台 ESXi 主機運行，主虛擬機器做的任何操作都會立即透過錄製播放的方式傳遞到從虛擬機器。也就是說，兩台虛擬機器所有的操作都是相同的。但由於採用的是錄製 / 播放方式，主從虛擬機器會存在一定的時間差（基本可以忽略），這個時間差稱為 vLockstep Interval，其值取決於 ESXi 主機的整體性能。當主虛擬機器所在的 ESXi 主機發生故障時，從虛擬機器立即接替工作，同時提升為主虛擬機器，接替的時間在瞬間完成，使用者幾乎感覺不到後台虛擬機器已經發生變化。

從 VMware vSphere 6.7 版本開始，FT 使用新的 Fast Checkpointing 技術來實現容錯，取代了 5.X 版本中的 vLockstep 技術。使用 Fast Checkpointing 技術、10GE 網路及分開的 VMDK 檔案，可以高效率地讓虛擬機器在兩台 ESXi 主機上運行。

VMware vSphere 虛擬化架構中的 FT 技術透過建立和維護與受保護的虛擬機器相同，且可在發生故障切換時隨時替換此類虛擬機器的其他虛擬機器，來確保此類虛擬機器的連續可用性。受保護的虛擬機器稱為主虛擬機器，另外一台虛擬機器稱為從虛擬機器，也可為稱為輔助虛擬機器，在其他主機上建立和運行。

由於輔助虛擬機器與主虛擬機器的執行方式相同，並且輔助虛擬機器可以無中斷地接管任何點處的執行，因此可以提供容錯保護。主虛擬機器和輔助虛擬機器會持續監控彼此的狀態以確保維護 FT。如果運行主虛擬機器的 ESXi 主機發生故障，系統將執行透明故障切換，此時會立即啟用輔助虛擬機器以替換主虛擬機器，啟動新的輔助虛擬機器，並自動重新建立 FT 容錯。如果運行輔助虛擬機器的主機發生故障，則該主機也會立即被替換。在任何情況下，都不會存在服務中斷和資料遺失的情況。

主虛擬機器和輔助虛擬機器不能在相同 ESXi 主機上運行，此限制用來確保 ESXi 主機故障不會導致兩個虛擬機器都遺失。

## 6.4.2 FT 的特性

VMware vSphere 7.0 版本中 FT 新增的特性主要如下。

（1）支援虛擬機器最多 8 個 vCPU 及最大 64GB 記憶體。

（2）取代舊版本中的 vLockstep 技術，採用全新的 Fast Checkpointing 技術。

（3）使用 Fast Checkpointing 監控網路頻寬，檢驗點的傳輸時間間隔（2 ～ 500ms）。

（4）Fault Tolerance Logging 支援使用 10GE 網路傳輸。

## 6.4.3 FT 不支援的功能

FT 提供了最大限度的虛擬機器容錯，但是由於其自身原因，FT 不支援某些 vSphere 功能。

- FT 不支援虛擬機器快照，在虛擬機器啟用 FT 前，必須移除或提交快照，同時不能對已啟用 FT 的虛擬機器執行快照。
- FT 不支援已啟用 FT 技術的虛擬機器使用 Storage vMotion。如果必須是使用 Storage vMotion，應當先暫時關閉 FT，然後執行 Storage vMotion 操作，執行完成後再重新打開 FT。
- FT 不支援在連結複製的虛擬機器上使用 FT，也不能從啟用了 FT 技術虛擬機器建立連結複製。
- 如果叢集已啟用虛擬機器元件保護，則會為關閉此功能的容錯虛擬機器建立替代項。
- FT 不支援基於 vVol 的資料儲存。
- FT 不支援基於儲存的策略管理。
- FT 不支援 I/O 篩選器。

## 6.4.4 設定和使用 FT 功能

整體來說，FT 的設定很簡單，幾步操作就可以完成。生產環境中強烈推薦使用 10GE 網路設定 FT，使用 1Gbit/s 網路運行 FT 會存在警告提示。

第 1 步，選中需要運行 FT 的虛擬機器並用滑鼠按右鍵，在彈出的對話方塊中選擇「Fault Tolerance」中的對應項進行啟用，如圖 6-4-1 所示。

圖 6-4-1

第 2 步，選擇輔助虛擬機器使用的資料儲存，如圖 6-4-2 所示，點擊「NEXT」按鈕。需要注意的是，不能和主虛擬機器使用相同的儲存。

圖 6-4-2

第 3 步，選擇輔助虛擬機器使用的主機，如圖 6-4-3 所示，點擊「NEXT」按鈕。

圖 6-4-3

第 4 步，確認 FT 參數是否正確，如圖 6-4-4 所示，若正確則點擊「FINISH」按鈕。

第 5 步，完成輔助虛擬機器的建立，如圖 6-4-5 所示。

第 6 步，主虛擬機器運行在 IP 位址為 10.92.10.3 的主機上，如圖 6-4-6 所示。

圖 6-4-4

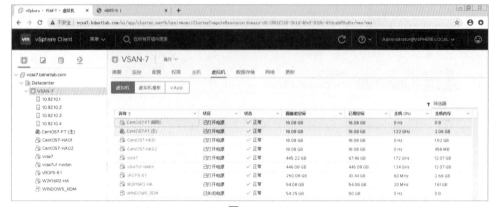

圖 6-4-5

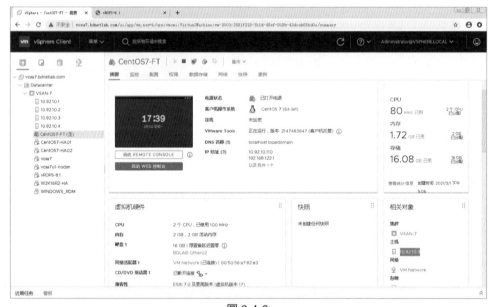

圖 6-4-6

第 7 步，輔助虛擬機器運行在 IP 位址為 10.92.10.4 的主機上，如圖 6-4-7 所示。

圖 6-4-7

第 8 步,當主虛擬機器出現故障時,輔助虛擬機器會提升為主虛擬機器持續提供服務,如圖 6-4-8 所示。

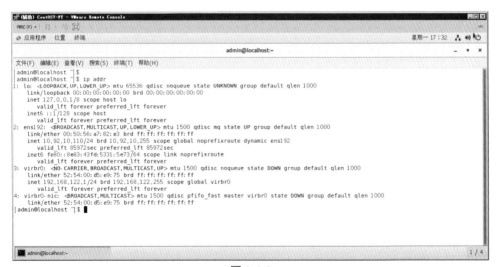

圖 6-4-8

至此，虛擬機器 FT 設定完成。整體來説，FT 的設定沒有難度，FT 與 HA 最大的區別在於不需要虛擬機器重新開機，出現故障後輔助虛擬機器直接提升為主虛擬機器，不間斷對外提供服務。需要注意的是，如果主虛擬機器出現當機，則輔助虛擬機器同樣會出現當機。

## ▶ 6.5　本章小結

本章介紹了 VMware vSphere 各種進階特性的使用，這些特性可以大幅保證虛擬機器的正常執行，在生產環境中可以根據實際情況進行設定和使用。對於各種進階特性的使用，還需要注意以下幾點事項。

**1. 生產環境中使用 vMotion 的注意事項**

（1）生產環境推薦使用專用的網路卡運行 vMotion 流量，特別要注意的是，iSCSI 流量儘量避免與 vMotion 一起運行。

（2）生產環境中不要同時遷移過多的虛擬機器，不然可能會影響虛擬化架構的整體運行。可以查看前面章節中 1Gbit/s、10GE 網路併發遷移虛擬機器的數量。

（3）生產環境中所有 ESXi 主機要設定好目標網路，不要出現遷移完成後虛擬機器網路無法使用的情況。

（4）對於虛擬機器儲存的遷移，其遷移的速度受虛擬機器容量、網路、儲存伺服器等影響，其遷移速度不可控。

（5）對於跨儲存遷移，如從 iSCSI 儲存遷移 FC 儲存，一定要做好評估，建議在伺服器存取量小的時候進行，這樣整體影響較小，遷移過程中不會出現太多的問題。

**2. 生產環境如何選擇 HA 存取控制策略**

HA 存取控制策略相當重要，應當基於可用性需求和叢集的特性選擇 vSphere HA 存取控制策略。選擇存取控制策略時，應當考慮以下因素。

## （1）選擇什麼樣的存取控制策略

生產環境中比較常見的是選擇按靜態主機數量定義故障切換容量、預留一定
百分比的叢集資源來定義故障切換容量這兩種策略。選擇前者的話，如果叢
集中某一台虛擬機器所需的 CPU 或記憶體資源較大，而其他虛擬機器所需的
CPU 或記憶體資源比較平均，會影響到 ESXi 主機支援的插槽數量計算。因此，
如果叢集中虛擬機器所需的 CPU 和記憶體資源差距較大，推薦使用預留一定
百分比的叢集資源來定義故障切換容量策略，而不使用前者。

## （2）避免資源碎片

當叢集有足夠資源用於虛擬機器故障切換時，將出現資源碎片。但是，這些
資源位於多個主機上並且不可用，因為虛擬機器一次只能在一個 ESXi 主機上
運行。透過將插槽定義為虛擬機器最大預留值，「叢集允許的主機故障數目」
策略的預設設定可避免資源碎片。「叢集資源的百分比」策略不解決資源碎片
問題。「指定故障切換主機」策略不會出現資源碎片，因為該策略會為故障切
換預留主機。

## （3）故障切換資源預留的靈活性

為故障切換保護預留叢集資源時，存取控制策略所提供的控制粒度會有所不
同。「叢集允許的主機故障數目」策略允許設定多個主機作為故障切換等級。
「叢集資源的百分比」策略最多允許指定 100% 的叢集 CPU 或記憶體資源用於
故障切換。透過「指定故障切換主機」策略可以指定一組故障切換主機。

## （4）叢集的異質性

從虛擬機器資源預留和主機總資源容量方面而言，叢集可以異質。在異質叢集
內，「叢集允許的主機故障數目」策略可能過於保守，因為在定義插槽大小時
它僅考慮最大虛擬機器預留，而在計算當前故障切換容量時也假設最大主機發
生故障。其他兩個存取控制策略不受叢集異質性影響。

## 3·生產環境中虛擬機器 FT 注意事項

（1）VMware vSphere 7.0 版本提高了對 vCPU 數量支援，最多可以支援 8 個
vCPU，已經能夠滿足生產環境中虛擬機器的基本需求。但需要注意的是，對
不同 VMware vSphere 版本的支援存在差異。

（2）生產環境使用 FT 技術，強烈推薦使用專用的 10GE 網路承載 FT，在 1Gbit/s 網路下使用會出現提示。同時，也建議使用不同的儲存來存放虛擬機器檔案，避免主、輔助虛擬機器使用相同的儲存。

（3）生產環境使用 FT 技術，結合 HA 等其他進階特性，同時也需要注意一個問題，如 Windows 常見的當機，如果主虛擬機器出現當機，則輔助虛擬機器同樣會出現當機。

（4）一些運行維護人員認為 FT 技術過於雞肋，從技術角度上來看，FT 技術整體來說不錯，一些虛擬機器使用了程式本身附帶的容錯技術可以不考慮 FT，但是，對於一些虛擬機器沒有使用程式本身的容錯而又要求高可用時，FT 技術就比較實用，但需要注意 vCPU 的支援。

## ▶ 6.6　本章習題

1. 請詳細描述 vMotion、DRS、HA、FT 的具體功能。

2. 無共用儲存是否能實現 vMotion 遷移？

3. 如果沒有啟用 EVC，可能導致什麼後果？

4. HA 存取控制設定錯誤，可能導致什麼後果？

5. 使用 HA 存取控制預設值，是否能夠準確反應叢集負載的真實情況？

6. 用於 HA 存取控制儲存訊號檢測的共用儲存僅有 1 個，是否對 HA 有影響？

7. FT 可以將虛擬機器高可用性提升至高標準，對於 vCenter Server 能否設定啟用 FT？

8. ESXi 主機僅有 1Gbit/s 的網路卡，能否啟用 FT？

# 第 7 章
## 設定性能監控

建構 VMware vSphere 虛擬化架構後，對運行維護人員來說，性能監控是其日常工作。VMware vSphere 本身內建了大量的監控方式，如果內建的監控工具不能滿足需要，可以考慮使用專業的 vRealize Operations Manager 監控。本章將介紹如何使用內建監控工具，以及部署和使用 vRealize Operations Manager。

【本章要點】
- 使用內建監控工具
- 部署和使用 vRealize Operations Manager

## ▶ 7.1 使用內建監控工具

VMware vSphere 虛擬化架構提供了內建的監控工具。運行維護人員可以透過登入 vCenter Server 查看基於資料中心、叢集、ESXi 主機及虛擬機器的監控，當觸發監控後，系統會列出對應的提示，這時需要運行維護人員根據提示進行處理。

### 7.1.1 使用基本監控工具

不少運行維護人員忽略基本的監控，基本的監控可以很直觀地看到整個 VMware vSphere 虛擬化架構負載情況。

第 1 步，查看 vCenter Server 中的主機和叢集，可以看到該 vCenter Server 管理的所有裝置；查看主機，可以看到該 vCenter Server 所有 ESXi 主機資源使用資訊，如圖 7-1-1 所示。

圖 7-1-1

第 2 步，查看叢集，可以看到該 vCenter Server 所有叢集資源使用資訊，如圖 7-1-2 所示。

圖 7-1-2

第 3 步，查看 vCenter Server 中的虛擬機器，可以看到該 vCenter Server 管理的 所有虛擬機器資訊，如圖 7-1-3 所示。

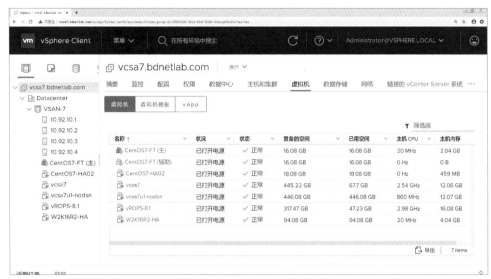

圖 7-1-3

第 4 步，查看 vCenter Server 中的資料儲存，可以看到該 vCenter Server 管理的所有儲存資訊，如圖 7-1-4 所示。

第 5 步，查看 vCenter Server 中的網路，可以看到該 vCenter Server 管理的所有網路資訊，如圖 7-1-5 所示。

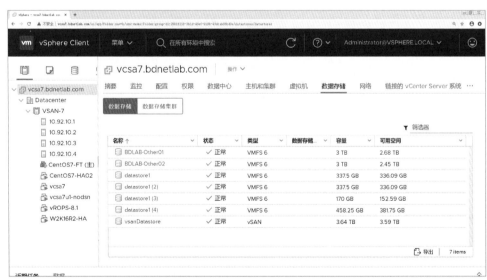

圖 7-1-4

圖 7-1-5

這就是 VMware vSphere 中最基本的監控工具，透過這些基本的監控工具，可以很直觀、簡潔地查看整個 VMware vSphere 虛擬化架構的資源使用及負載情況。顯然，基本的監控工具是無法滿足日常運行維護的，下面繼續學習其他監控工具的使用。

## 7.1.2　使用性能監控工具

VMware vSphere 內建了性能監控工具，可以基於資料中心、叢集、ESXi 主機及虛擬機器，提供多維度的性能監控圖表，幫助運行維護人員更進一步地了解整體的性能。

第 1 步，查看 vCenter Server 性能概覽圖表，圖表顯示了最近一天 CPU、記憶體等的使用情況。如圖 7-1-6 所示，可以根據需要查看的項目調整查詢參數。

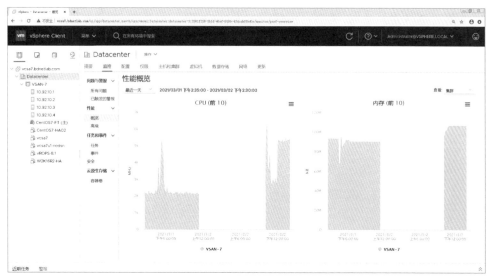

圖 7-1-6

第 2 步，查看叢集的性能概覽圖表，圖表顯示了最近一天叢集 CPU、記憶體等的使用情況。如圖 7-1-7 所示，可以根據需要查看的項目調整查詢參數。

圖 7-1-7

第 3 步，查看性能中的進階性能圖表，圖表顯示了最近一天虛擬機器的操作情況。如圖 7-1-8 所示，可以根據需要查看的項目調整查詢參數。

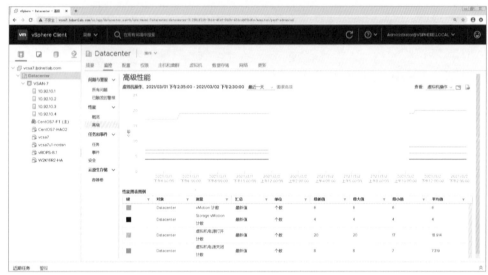

圖 7-1-8

第 4 步，查看 ESXi 主機性能概覽圖表，其顯示了即時 CPU、記憶體等的使用情況。如圖 7-1-9 所示，可以根據需要查看的項目調整查詢參數。

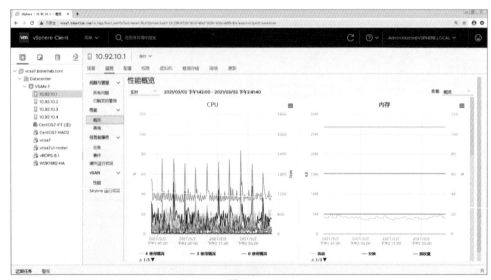

圖 7-1-9

第 5 步，查看 ESXi 主機進階性能圖表，進階圖表顯示了即時網路使用情況。如圖 7-1-10 所示，可以根據需要查看的項目調整查詢參數。

圖 7-1-10

第 6 步，查看虛擬機器的性能概覽圖表，圖表顯示了即時 CPU、記憶體等的使用情況。如圖 7-1-11 所示，可以根據需要查看的項目調整查詢參數。

圖 7-1-11

第 7 步，查看虛擬機器進階性能圖表，圖表顯示了即時記憶體使用情況。如圖 7-1-12 所示，可以根據需要查看的項目調整查詢參數。

使用性能監控工具可以提供多維度的性能監控圖表，運行維護人員可以根據生產環境中的實際情況，調整使用不同的參數監控 VMware vSphere 虛擬化環境，這樣可以更進一步地了解整體的性能。

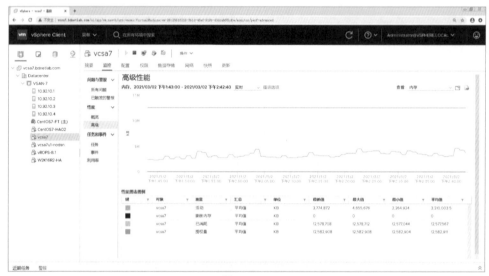

圖 7-1-12

## 7.1.3 使用任務和事件監控工具

前一小節學習了如何使用性能監控工具，在生產環境中對任務和事件監控工具的掌握和了解非常重要。任務和事件監控工具記錄了 VMware vSphere 虛擬化架構的整體運行情況，作為運行維護人員需要學會透過查看任務和事件來判斷與處理問題。

第 1 步，查看 vCenter Server 監控任務，可以看到該 vCenter Server 下執行的所有任務，包括建立虛擬機器、打開虛擬機器電源等，如圖 7-1-13 所示。

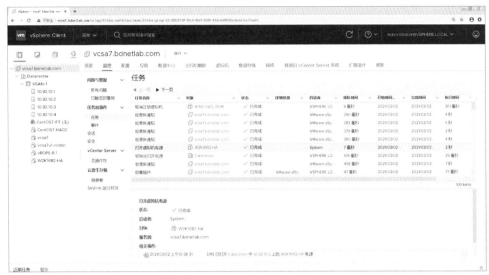

圖 7-1-13

第 2 步，查看 vCenter Server 監控事件，可以看到該 vCenter Server 下執行的所有事件，如虛擬機器未找到作業系統，並且事件會列出可能的原因，這樣可以幫助運行維護人員進行問題處理，如圖 7-1-14 所示。

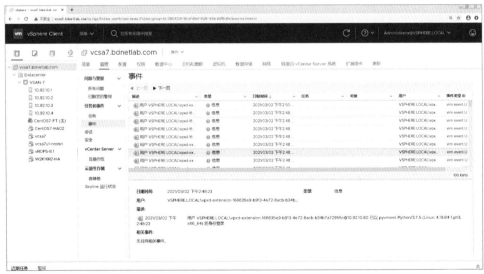

圖 7-1-14

第 3 步，查看資料中心監控任務，可以看到該資料中心下執行的所有任務，如圖 7-1-15 所示。

圖 7-1-15

第 4 步，查看資料中心監控事件，可以看到該資料中心下執行的所有事件，如圖 7-1-16 所示。

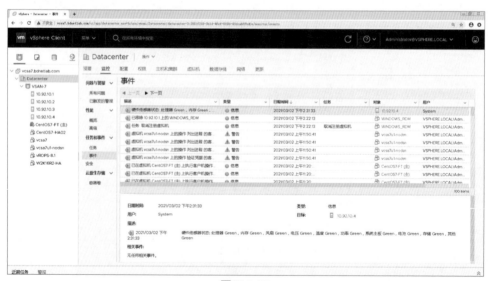

圖 7-1-16

第 5 步，查看叢集監控任務，可以看到該叢集下執行的所有任務，如關閉虛擬機器電源，如圖 7-1-17 所示。

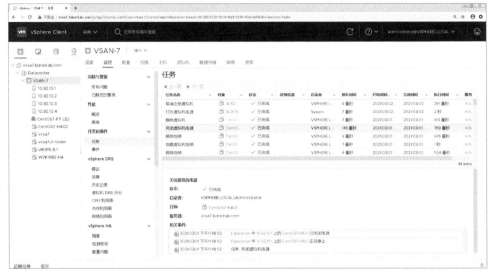

圖 7-1-17

第 6 步，查看叢集監控事件，可以看到該叢集下執行的所有事件，如圖 7-1-18 所示。

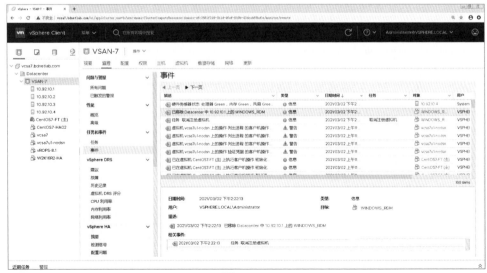

圖 7-1-18

第 7 步，查看 ESXi 主機監控任務，可以看到該 ESXi 主機下執行的所有任務，如圖 7-1-19 所示。

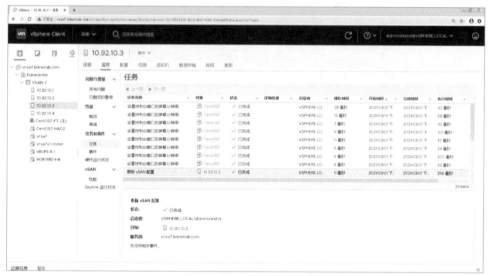

圖 7-1-19

第 8 步，查看 ESXi 主機監控事件，可以看到該 ESXi 主機下執行的所有事件，如圖 7-1-20 所示。

第 9 步，對 ESXi 主機來說，「任務和事件」中增加了「硬體運行狀況」選項，它可以用來顯示 ESXi 主機的硬體運行資訊。圖 7-1-21 顯示了從實體伺服器感測器收集的各種硬體狀況。

第 10 步，查看 ESXi 主機硬體運行狀況中的儲存感測器資訊，如圖 7-1-22 所示。

圖 7-1-20

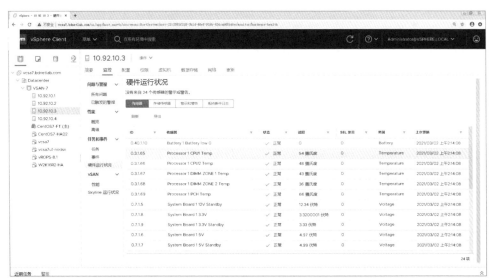

圖 7-1-21

圖 7-1-22

第 11 步，查看 ESXi 主機硬體運行狀況中的警示和警告資訊，如圖 7-1-23 所示。

圖 7-1-23

第 12 步，查看 ESXi 主機硬體運行狀況中的系統事件日誌資訊，如圖 7-1-24 所示。

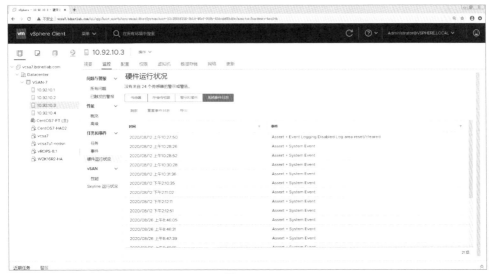

圖 7-1-24

第 13 步，查看虛擬機器監控任務，可以看到該虛擬機器下執行的所有任務，如圖 7-1-25 所示。

圖 7-1-25

第 14 步，查看虛擬機器監控事件，可以看到該虛擬機器下執行的所有事件，如圖 7-1-26 所示。

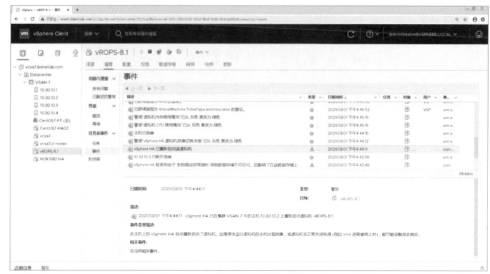

圖 7-1-26

第 15 步，對虛擬機器來說，「任務和事件」中增加了「使用率」選項，它可
以用來顯示虛擬機器硬體資源的使用資訊，如圖 7-1-27 所示。

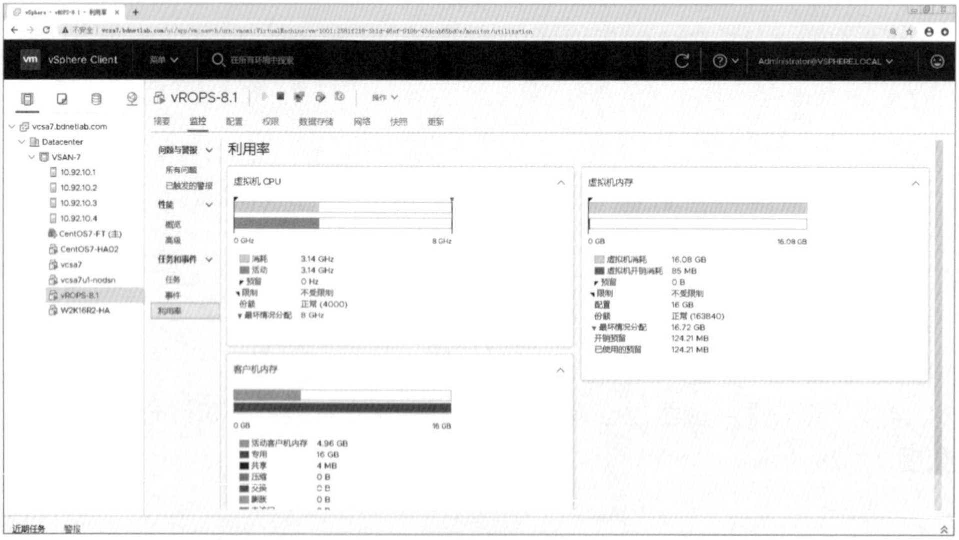

圖 7-1-27

使用任務和事件監控工具可以更加細緻地查看 VMware vSphere 虛擬化架構整體的運行狀況，包括各種任務和事件。學習並掌握任務和事件監控工具能夠幫助運行維護人員更進一步地解決問題。

## 7.1.4 使用問題與警示監控工具

VMware vSphere 虛擬化架構內建了常用的警示提示，包括 vCenter Server、資料中心、叢集、ESXi 主機及虛擬機器的警示提示，使用者無須單獨設定，可以直接使用。學習並掌握內建問題與警示監控工具能夠幫助運行維護人員快速定位問題。

第 1 步，查看 vCenter Server 內建警示定義，可以看到基於 vCenter Server 的警示定義項目有 273 項，基本上涵蓋了 vCenter Server、資料中心、叢集、主機、虛擬機器的監控警示項目，如圖 7-1-28 所示。

圖 7-1-28

第 2 步，查看資料中心內建警示定義，可以看到基於資料中心的警示定義項目有 211 項，基本上涵蓋了資料中心、叢集、主機、虛擬機器的監控警示項目，如圖 7-1-29 所示。

圖 7-1-29

第 3 步，查看叢集內建警示定義，可以看到基於叢集的警示定義項目有 198 項，
基本上涵蓋了叢集、主機、虛擬機器的監控警示項目，如圖 7-1-30 所示。

圖 7-1-30

第 4 步，查看 ESXi 主機內建警示定義，可以看到基於 ESXi 主機的警示定義項目有 44 項，基本上涵蓋了主機的監控警示項目，如圖 7-1-31 所示。

圖 7-1-31

第 5 步，查看虛擬機器內建警示定義，可以看到基於虛擬機器的警示定義項目有 17 項，基本上涵蓋了虛擬機器的監控警示項目，如圖 7-1-32 所示。

圖 7-1-32

第 6 步，了解警示定義後可以在監控中查看所有問題與警示，如果出現警示，會在已觸發的警示中顯示。圖 7-1-33 所示為 vCenter Server 已觸發的警示，目前為空白狀態。

圖 7-1-33

第 7 步，查看虛擬機器所出現的問題，如圖 7-1-34 所示，目前的問題是虛擬機器未安裝 VMware Tools。

至此，使用各種內建工具監控 VMware vSphere 虛擬化架構基本介紹完畢。對運行維護人員來說，學習並掌握這些內建工具是必須的。這些監控工具可以幫助人們判斷問題、定位問題及解決問題。

圖 7-1-34

# ▶ 7.2 部署和使用 **vRealize Operations Manager**

vRealize Operations Manager 8.1 是 VMware 推出的基於雲端運算平台的管理工具。它專注於性能最佳化、容量管理,支援多個雲端的智慧修復、其他符合規範性和增強型 Wavefront 整合。需要說明的是,vRealize Operations Manager 8.1 設定和使用相對複雜。本節只對其部署和使用進行基本的介紹。

## 7.2.1　vRealize Operations Manager 介紹

開始部署和使用 vRealize Operations Manager 之前,有必要了解 vRealize Operations Manager 8.1 的功能特性。以下是其關鍵特性和功能。

1 · 持續性能最佳化
- 基於業務意圖(如使用率、符合規範性和許可證成本)的跨叢集完全自動化工作負載平衡。
- 與 vRealize Automation 整合,可實現初始和持續的工作負載安置。
- 基於主機安置,根據叢集內的業務意圖和工作負載安置來自動執行 DRS。
- 能夠檢測和修復業務目標中定義的放置標記違規。

2 · 選項完全自動化的工作負載重放歷史最佳化
- 用於適當調整容量不足和容量過剩的工作負載的新工作流,可確保提高性能和效率。
- 高效的容量管理。
- 針對日曆感知的容量分析增強功能。
- 更智慧的資料權重功能,可在不損失週期性的情況下為最近的容量變化提供更多權重。
- 增強的容量回收工作流,可輕鬆存取歷史容量使用率。
- 增強的假設方案,可使用標記、自訂群組、資料夾等增加新的工作負載。
- 適用於硬體採購規劃和雲端遷移規劃的新假設方案。

3 · 智慧修復
- 支援多種雲端服務,如 SDDC、VMware Cloud on AWS。
- 支援 PCI、HIPAA、DISA、CIS、FISMA 及 ISO Security。

- 物件等級的「工作負載」標籤，用於簡單細分資源使用率。
- 增強的 Wavefront 整合，用於應用程式監控和故障排除。
- 能夠在 vRealize Automation 中查看 vRealize Operations Manager 警示和衡量指標。可為部署中的每項工作負載顯示 KPI。

## 4 · 儀表板和報告增強功能

- 能夠利用直觀畫布、多個即時可用小元件和視圖簡化儀表板的建立流程。
- 能夠使用統一的小元件編輯器建立四列儀表板，並能夠設定儀表板間的互動及儀表板內的互動。
- 能夠使用 URL 共用儀表板，無須登入。共用選項包括複製、電子郵件或其他網站中嵌入的 URL，以及使用 vRealize Operations Manager 生成的嵌入式程式。
- 能夠使用管理儀表板追蹤 URL 使用情況並取消 URL 存取。
- 能夠將儀表板所有權轉移給其他使用者。
- 提供支援使用新的「孤立內容」頁面管理已刪除使用者的儀表板和報告排程等內容的選項。
- 增強的入門儀表板，可存取社區管理的儀表板儲存庫。

## 5 · 平台增強功能

- 支援跨 vCenter vMotion。能夠在 vCenter Server 之間移動虛擬機器。如果兩個 vCenter Server 由同一實例管理，則 vRealize Operations Manager 將保留虛擬機器的歷史記錄。
- 提供新的搜索選項，支援搜索和啟動內容（如儀表板、視圖、超級衡量指標、警示等）。
- 支援超級衡量指標中的屬性，包含新函數和運算子。
- 提供支援在管理員使用者介面中的 vRealize Operations Manager 節點上啟用 SSH 的選項。
- 提供管理員使用者介面中新的管理員密碼恢復選項。
- 能夠在管理員使用者介面中進行 NTP 設定。
- 增強了與 VMware Identity Manager 的整合，提供匯入使用者群組的選項。

- 能夠使用新的「操作」選項從「警示」頁面執行操作。
- 能夠從「警示」頁面刪除已取消的警示以清除警示資料庫。
- 提供用於定義要包括在虛擬機器成本中的應用程式成本核算的選項。
- 能 夠 匯 出 vRealize Business 成 本 設 定 並 將 其 匯 入 vRealize Operations Manager。

### 6 · 小元件和視圖增強功能

- 提供了視圖工具列中新的範圍選項，用於選擇「清單」「摘要」「趨勢」「分佈」等所有視圖的範圍。
- 增強的圓形圖和橫條圖分佈視圖，能夠提供分佈資料。
- 提供支援設定要在「清單」視圖中顯示的行數限制的選項，旨在改進報告。
- 提供支援用新的運算式轉換在視圖中建立計算的選項。
- 能夠在趨勢視圖和衡量指標圖表小元件中設定臨界值。
- 提供支援在「記分板」小元件列中增加超連結以實現跨儀表板或網頁導航的選項。
- 增強的「警示清單」小元件，能夠篩選警示與操作，並且能夠從小元件運行操作。

## 7.2.2　部署 vRealize Operations Manager

vRealize Operations Manager 8.1 部署採用 OVA 匯入方式，使用者可以存取 VMware 官網下載 OVA 檔案匯入 vCenter Server。本節將介紹如何部署 vRealize Operations Manager 8.1。

第 1 步，在叢集上部署 OVF 範本。如圖 7-2-1 所示，選中叢集並用滑鼠按右鍵，在彈出的快顯功能表中選擇「部署 OVF 範本」選項。

圖 7-2-1

第 2 步，選擇從本地檔案部署 vRealize Operations Manager，如圖 7-2-2 所示，點擊「NEXT」按鈕。

第 3 步，輸入虛擬機器名稱，選擇資料中心，如圖 7-2-3 所示，點擊「NEXT」按鈕。

第 4 步，選擇虛擬機器運行的 ESXi 主機，如圖 7-2-4 所示，點擊「NEXT」按鈕。

第 5 步，系統對匯入的檔案進行驗證，如圖 7-2-5 所示，點擊「NEXT」按鈕。

第 6 步，選取「我接受所有授權合約。」核取方塊，如圖 7-2-6 所示，點擊「NEXT」按鈕。

第 7 步，選擇虛擬機器使用的環境，如圖 7-2-7 所示，不同的環境使用的硬體資源不同，生產環境應根據實際情況進行選擇，點擊「NEXT」按鈕。

图 7-2-2

图 7-2-3

图 7-2-4

圖 7-2-5

圖 7-2-6

部署 OVF 模板

- ✓ 1 選擇 OVF 模板
- ✓ 2 選擇名稱和文件夾
- ✓ 3 選擇計算資源
- ✓ 4 查看詳細信息
- ✓ 5 許可協議
- 6 配置
- 7 選擇存儲
- 8 選擇網絡
- 9 自定義模板
- 10 即將完成

配置
選擇部署配置

- ⦿ 小型
- ○ 中型
- ○ 大型
- ○ 遠程收集器 (標準)
- ○ 遠程收集器 (大型)
- ○ Witness
- ○ 超小型
- ○ 超大型

描述
將此配置用于包含 3500 個以內虛擬機的環境。此部署將需要為 vApp 提供 4 個 vCPU 和 16 GB 的內存。

8 項目

CANCEL  BACK  NEXT

圖 7-2-7

第 8 步，選擇虛擬機器使用的儲存，如圖 7-2-8 所示，點擊「NEXT」按鈕。

部署 OVF 模板

- ✓ 1 選擇 OVF 模板
- ✓ 2 選擇名稱和文件夾
- ✓ 3 選擇計算資源
- ✓ 4 查看詳細信息
- ✓ 5 許可協議
- ✓ 6 配置
- 7 選擇存儲
- 8 選擇網絡
- 9 自定義模板
- 10 即將完成

選擇存儲
選擇用于配置文件和磁盤文件的存儲

☐ 

選擇虛擬磁盤格式:　　　　　　　　　　　　精簡置備

虛擬機存儲策略:　　　　　　　　　　　　數據存儲默認值

| 名存 | 容量 | 已置備 | 可用 | 類型 | 集群 |
|---|---|---|---|---|---|
| BDLAB-Other01 | 1,023.75 GB | 502.33 GB | 906.64 GB | VMFS 6 | |
| BDLAB-Other02 | 1,023.75 GB | 159.64 GB | 868.36 GB | VMFS 6 | |
| datastore1 | 337.5 GB | 1.41 GB | 336.09 GB | VMFS 6 | |
| datastore1 (2) | 337.5 GB | 1.41 GB | 336.09 GB | VMFS 6 | |
| datastore1 (3) | 170 GB | 17.41 GB | 152.59 GB | VMFS 6 | |
| datastore1 (4) | 458.25 GB | 76.5 GB | 381.75 GB | VMFS 6 | |
| vsanDatastore | 3.64 TB | 49.44 GB | 3.59 TB | vSAN | |

兼容性

✓ 兼容性檢查成功。

CANCEL  BACK  NEXT

圖 7-2-8

第 9 步，選擇虛擬機器使用的網路，如圖 7-2-9 所示，點擊「NEXT」按鈕。

圖 7-2-9

第 10 步，設定虛擬機器網路具體參數，如圖 7-2-10 所示，點擊「NEXT」按鈕。

第 11 步，確認參數是否正確，如圖 7-2-11 所示，若正確則點擊「FINISH」按鈕。

第 12 步，系統開始部署虛擬機器，如圖 7-2-12 所示。

第 13 步，完成 vRealize Operations Manager 虛擬機器的部署，如圖 7-2-13 所示。

圖 7-2-10

圖 7-2-11

圖 7-2-12

圖 7-2-13

第 14 步，使用瀏覽器存取 vRealize Operations Manager 虛擬機器 IP 位址繼續
進行設定，如圖 7-2-14 所示，選擇「快速安裝」選項。

第 15 步，進入設定精靈，如圖 7-2-15 所示，點擊「下一步」按鈕。

圖 7-2-14

圖 7-2-15

第 16 步，設定管理員密碼，如圖 7-2-16 所示，點擊「下一步」按鈕。

圖 7-2-16

第 17 步，確認參數是否設定正確，如圖 7-2-17 所示，若正確則點擊「完成」
按鈕。

圖 7-2-17

第 18 步，系統開始設定 vRealize Operations Manager，如圖 7-2-18 所示。

圖 7-2-18

第 19 步，完成 vRealize Operations Manager 的基本設定。使用本地使用者登入，
如圖 7-2-19 所示。

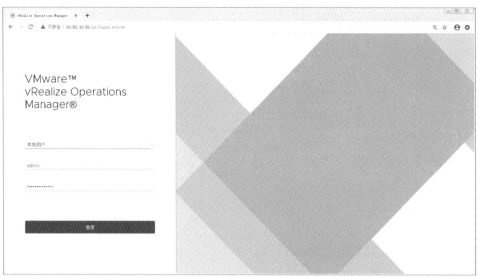

圖 7-2-19

第 20 步,繼續對 vRealize Operations Manager 進行設定,如圖 7-2-20 所示,點擊「下一步」按鈕。

第 21 步,選取「我接受本協定條款。」核取方塊,如圖 7-2-21 所示,點擊「下一步」按鈕。

第 22 步,選擇使用產品評估模式,如圖 7-2-22 所示,點擊「下一步」按鈕。

第 23 步,選擇是否加入 VMware 客戶體驗改善計畫,如圖 7-2-23 所示。應根據生產環境中的實際情況進行選擇,此處選擇加入,點擊「下一步」按鈕。

第 24 步,確認參數設定是否正確,如圖 7-2-24 所示,若正確則點擊「完成」按鈕。

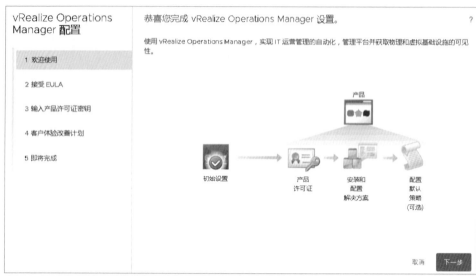

圖 7-2-20

圖 7-2-21

vRealize Operations
Manager 配置

輸入 vRealize Operations Manager 產品許可證密鑰

如果您沒有許可證密鑰，則可以從 My VMware 進行檢索。

1 歡迎使用

2 接受 EULA

● 產品評估 (不需要任何密鑰)

○ 產品密鑰：　　　　　　　　　　　　　　　　　　　　　驗證許可證密鑰

3 輸入產品許可證密鑰

4 客戶體驗改善計劃

5 即將完成

取消　　上一步　　下一步

圖 7-2-22

vRealize Operations
Manager 配置

客戶體驗改善計劃

1 歡迎使用

2 接受 EULA

3 輸入產品許可證密鑰

4 客戶體驗改善計劃

5 即將完成

VMware 的客戶體驗提升計劃 ("CEIP"，Customer Experience Improvement Program) 為 VMware 提供信息，讓 VMware 能夠改善其產品和服務、修復問題以及在有關如何最佳部署和使用我們的產品方面向您提供建議。作為 CEIP 的一部分，VMware 會定期收集有關您的組織的 VMware 產品和服務使用的技術信息，這都與您的組織的 VMware 許可證密鑰相關聯。此信息不會識別任何人的個人身份。

有關通過 CEIP 收集的數據以及 VMware 使用這些數據的目的等附加信息在"Trust & Assurance Center (信任與保證中心)"中有說明，網址為: http://www.vmware.com/trustvmware/ceip.html。

如果您選擇不參加本產品的 VMware CEIP，您應該在下面取消選中對應的框。您隨時可以加入或退出本產品的 VMware CEIP。

☑ 加入 VMware 客戶體驗改善計劃

取消　　上一步　　下一步

圖 7-2-23

圖 7-2-24

第 25 步，完成 vRealize Operations Manager 的設定，如圖 7-2-25 所示。

圖 7-2-25

至 此，部 署 vRealize Operations Manager 完 成，但 目 前 vRealize Operations Manager 沒有連結 vCenter Server，因此無法對環境進行監控。

## 7.2.3　使用 vRealize Operations Manager

完成 vRealize Operations Manager 部署後，需要將 vRealize Operations Manager 和監控物件進行連結，這樣才能監控物件。

第 1 步，vRealize Operations Manager 8.X 版本後的解決方案需要使用雲端帳戶，
如圖 7-2-26 所示，點擊「增加帳戶」按鈕。

圖 7-2-26

第 2 步，選擇帳戶類型為「vCenter」，如圖 7-2-27 所示。

圖 7-2-27

第 3 步，輸入 vCenter Server 相關證書資訊，如圖 7-2-28 所示，點擊「增加」按鈕。

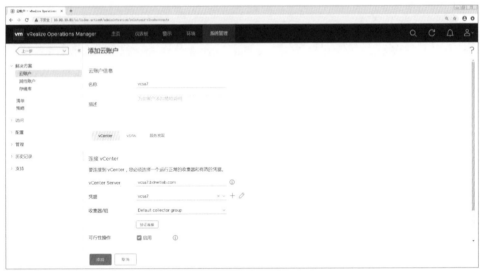

圖 7-2-28

第 4 步，啟用 vSAN 設定功能，可以監控 vSAN 運行情況，如圖 7-2-29 所示，點擊「保存」按鈕。

圖 7-2-29

第 5 步，啟用服務發現功能，可以發現虛擬機器運行的服務，輸入 Windows 及 Linux 用戶名和密碼，如圖 7-2-30 所示，點擊「保存」按鈕。

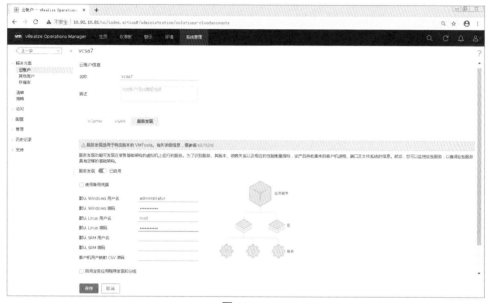

圖 7-2-30

第 6 步，完成雲端帳戶設定。注意狀態必須為「確定」才代表建立正確，如圖 7-2-31 所示，否則可能無法收集資訊。

圖 7-2-31

第 7 步，查看運行維護概覽，可以看到整個 VMware vSphere 虛擬化環境的資訊。由於剛開始收集資料，所以圖表沒有資料顯示，如圖 7-2-32 所示。

圖 7-2-32

第 8 步，等待一段時間後，收集的資料開始回饋到圖表，如圖 7-2-33 所示。

圖 7-2-33

第 9 步，查看觸發的警示資訊，如圖 7-2-34 所示，警示資訊可以幫助發現問題及解決問題。

圖 7-2-34

第 10 步，點擊警示項目可以查看警示詳細資訊，如圖 7-2-35 所示。

圖 7-2-35

第 11 步，查看 vCenter Server 中的 vRealize Operations，可以看到與 vRealize Operations Manager 進行了連結，顯示了相關的監控資訊，如圖 7-2-36 所示。

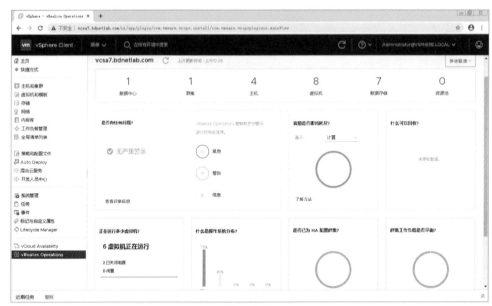

圖 7-2-36

第 12 步，查看工作負載最佳化，可以看到資料中心最佳化情況，如圖 7-2-37 所示。

圖 7-2-37

第 13 步，查看規模最佳化，可以看到容量過剩虛擬機器的相關資訊，如圖 7-2-38 所示，運行維護人員可以根據提示減少虛擬機器 CPU 及記憶體數量。

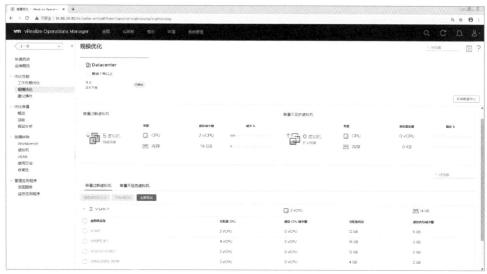

圖 7-2-38

第 14 步，查看最佳化容量中的概覽，可以看到叢集使用率相關資訊，如圖 7-2-39 所示。

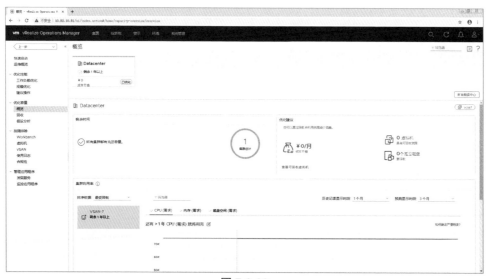

圖 7-2-39

第 15 步，查看最佳化容量中的回收，可以看到能回收的虛擬機器的相關資訊，如圖 7-2-40 所示。

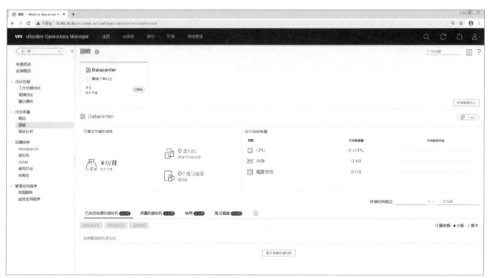

圖 7-2-40

第 16 步，查看故障排除中的虛擬機器，可以看到虛擬機器故障相關資訊，如圖 7-2-41 所示。對運行維護人員來說，這可以幫助其發現虛擬機器潛在的問題，快速定位虛擬機器相關故障，及時進行處理。

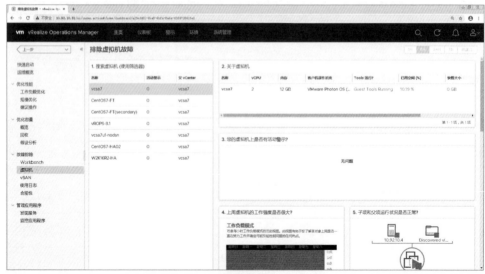

圖 7-2-41

第 17 步，查看故障排除中的 vSAN，可以看到 vSAN 故障相關資訊，如圖 7-2-42 所示。

圖 7-2-42

第 18 步，vRealize Operations Manager 提供對虛擬機器運行常見服務的監控，如圖 7-2-43 所示。可以根據生產環境中的具體需求設定是否使用該功能，本節不做演示。

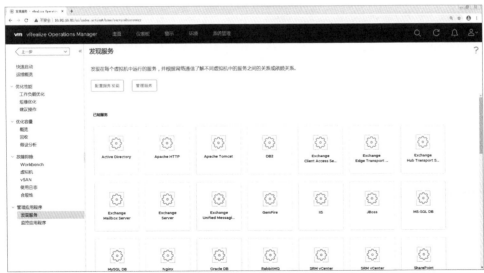

圖 7-2-43

第 19 步，vRealize Operations Manager 提供對常見應用程式的監控，如圖 7-2-44 所示。可以根據生產環境中的具體需求設定是否使用該功能，本節不做演示。

圖 7-2-44

第 20 步，查看「儀表板」選單，可以根據日常需要增加儀表板，如圖 7-2-45 所示，點擊「vSphere 計算」按鈕載入儀表板。

圖 7-2-45

第 21 步，透過 vSphere 計算清單可以直觀地看到資料中心整體架構，如圖 7-2-46 所示。

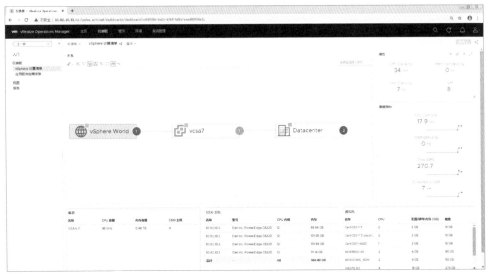

圖 7-2-46

第 22 步，查看儀表板視圖，發現內建有 417 項視圖，如圖 7-2-47 所示，選取「容量過剩虛擬機器」核取方塊，點擊「增加」按鈕載入視圖。

第 23 步，生成容量過剩虛擬機器視圖，運行維護人員可以直觀地看到環境中虛擬機器容量過剩的情況，如圖 7-2-48 所示。

第 24 步，查看「環境」選單，選擇 vSphere 主機和叢集，可以看到整體的監控情況，如圖 7-2-49 所示。

圖 7-2-47

圖 7-2-48

圖 7-2-49

至此，vRealize Operations Manager 8.1 基本選單介紹完畢，運行維護人員可以根據各種選單對 VMware vSphere 虛擬化等環境進行監控，可以根據各種提示判斷和處理問題。本章的重點不是介紹 vRealize Operations Manager 8.1 的部署使用，有興趣的使用者可以參考其他 vRealize Operations Manager 圖書。

## ▶ 7.3 本章小結

本章介紹了如何使用內建工具監控 VMware vSphere 虛擬化架構性能，對於小規模環境，推薦合理設定和使用警示及性能圖表；對於大中型環境，推薦使用 vRealize Operations Manager 實現自動化的監控管理，同時 vRealize Operations Manager 也是 VMware 基於雲端運算的組成部分之一。內建工具將管理人員從手動操作中解放出來，可以提供性能管理、根源分析、IT 服務成本分攤、報告分析等功能。

## ▶ 7.4 本章習題

1． 請詳細描述內建監控工具可以實現的功能。

2． 部署使用 vRealize Operations Manager 是否需要單獨授權？

3． vRealize Operations Manager 能否提供監控報告？

# 第 8 章
# 備份和恢復虛擬機器

對 VMware vSphere 環境來說，備份虛擬機器有多種方式，一般是使用官方發佈的 vSphere Replication 複本備份工具及第三方工具來實現。本章將介紹如何使用 vSphere Replication 及 Veeam Backup & Replication V10 備份和恢復虛擬機器。

【本章要點】
- 使用 vSphere Replication 備份和恢復虛擬機器
- 使用 Veeam Backup & Replication 備份和恢復虛擬機器

## ▶ 8.1 使用 vSphere Replication 備份和恢復虛擬機器

VMware 發佈的 vSphere Replication，可以視為網站複製工具，也可用於日常虛擬機器的備份恢復。vSphere Replication 與 vCenter Server 深度整合，自訂復原點目標（Recovery Point Object，RPO）最小值為 5 分鐘。也就是說，如果虛擬機器出現故障，可以恢復到 5 分鐘前的狀態，這對於要求高的生產環境非常適用。本節將介紹如何使用 vSphere Replication 備份和恢復虛擬機器。

### 8.1.1 部署 vSphere Replication

vSphere Replication 的部署採用 OVF 範本方式，可以造訪 VMware 官方網站下載，本節使用 VMWare-vSphere_Replication-8.3.0-15934006 版本。

第 1 步，匯入 vSphere Replication 虛擬機器 OVF 檔案，如圖 8-1-1 所示，點擊「NEXT」按鈕。

圖 8-1-1

第 2 步，輸入虛擬機器名稱並指定位置，如圖 8-1-2 所示，點擊「NEXT」按鈕。

圖 8-1-2

第 3 步，選擇 vSphere Replication 虛擬機器使用的運算資源，如圖 8-1-3 所示，點擊「NEXT」按鈕。

圖 8-1-3

第4步,確認匯入的OVF是否存在問題,如圖8-1-4所示,若正確則點擊「NEXT」按鈕。

第5步,選取「我接受所有授權合約。」核取方塊,如圖8-1-5所示,點擊「NEXT」按鈕。

第6步,為虛擬機器設定vCPU數量,如圖8-1-6所示,點擊「NEXT」按鈕。

第7步,選擇虛擬機器使用的儲存,如圖8-1-7所示,點擊「NEXT」按鈕。

第8步,選擇虛擬機器使用的網路,如圖8-1-8所示,點擊「NEXT」按鈕。

圖 8-1-4

圖 8-1-5

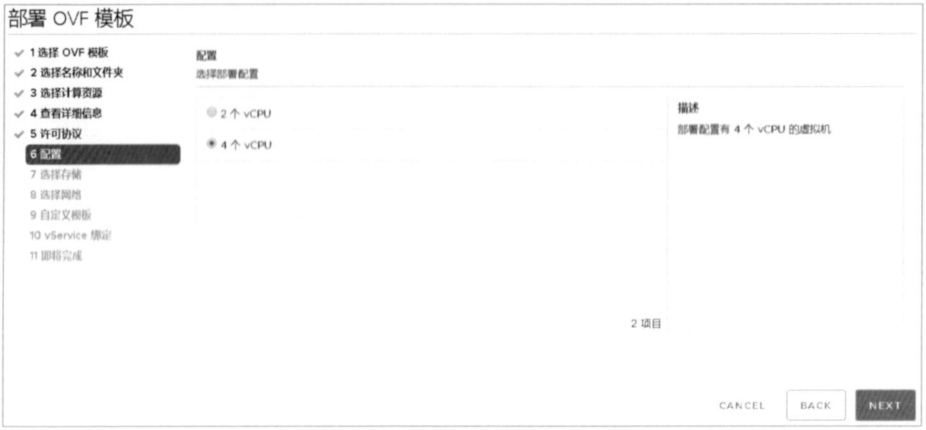

部署 OVF 模板

| | |
|---|---|
| ✓ 1 选择 OVF 模板 | 配置 |
| ✓ 2 选择名称和文件夹 | 选择部署配置 |
| ✓ 3 选择计算资源 | |
| ✓ 4 查看详细信息 | ○ 2 个 vCPU |
| ✓ 5 许可协议 | ● 4 个 vCPU |
| **6 配置** | |
| 7 选择存储 | |
| 8 选择网络 | |
| 9 自定义模板 | |
| 10 vService 绑定 | |
| 11 即将完成 | |

描述
部署配置有 4 个 vCPU 的虚拟机。

2 项目

CANCEL　BACK　NEXT

圖 8-1-6

部署 OVF 模板

| | |
|---|---|
| ✓ 1 选择 OVF 模板 | 选择存储 |
| ✓ 2 选择名称和文件夹 | 选择用于配置文件和磁盘文件的存储 |
| ✓ 3 选择计算资源 | |
| ✓ 4 查看详细信息 | ☐ 为此虚拟机启用（需要主机和所属集群支持） |
| ✓ 5 许可协议 | 选择虚拟磁盘格式：　　　　　　　　　　　　厚置备延迟置零 |
| ✓ 6 配置 | 虚拟机存储策略：　　　　　　　　　　　　　数据存储默认值 |
| **7 选择存储** | |
| 8 选择网络 | |
| 9 自定义模板 | |
| 10 vService 绑定 | |
| 11 即将完成 | |

| 名称 | 容量 | 已置备 | 可用 | 类型 | 集群 |
|---|---|---|---|---|---|
| BDLAB-Other01 | 3 TB | 976.49 GB | 2.68 TB | VMFS 6 | |
| BDLAB-Other02 | 3 TB | 566.22 GB | 2.45 TB | VMFS 6 | |
| datastore1 | 337.5 GB | 1.41 GB | 336.09 GB | VMFS 6 | |
| datastore1 (2) | 337.5 GB | 1.41 GB | 336.09 GB | VMFS 6 | |
| datastore1 (3) | 170 GB | 17.41 GB | 152.59 GB | VMFS 6 | |
| datastore1 (4) | 458.25 GB | 76.5 GB | 381.75 GB | VMFS 6 | |
| vsanDatastore | 3.64 TB | 50.6 GB | 3.59 TB | vSAN | |

兼容性

✓ 兼容性检查成功。

CANCEL　BACK　NEXT

圖 8-1-7

圖 8-1-8

第 9 步,設定虛擬機器網路相關資訊,如圖 8-1-9 所示,點擊「NEXT」按鈕。

部署 OVF 模板

- ✓ 1 選擇 OVF 模板
- ✓ 2 選擇名稱和文件夾
- ✓ 3 選擇計算資源
- ✓ 4 查看詳細信息
- ✓ 5 許可協議
- ✓ 6 配置
- ✓ 7 選擇存儲
- ✓ 8 選擇網絡
- **9 自定義模板**
- 10 vService 特定
- 11 即將完成

**自定義模板**
自定义该软件解决方案的部署属性。

| ∨ 应用程序 | 5 设置 |
|---|---|
| 密码 | 设备 root 帐户的密码。 |
| | 密码 ·········· |
| | 确认密码 ·········· |
| NTP 服务器 | 以逗号分隔的 NTP 服务器主机名或 IP 地址列表。 |
| | 10.92.7.11 |
| Hostname | The host name for this virtual machine. Provide the FQDN if you use a static IP. Leave blank to reverse look up the IP address if you use DHCP. |
| | vSphere-Replication |
| DHCP IP Version | If DHCP is selected, determines whether IPv4 or IPv6 will be enabled at first boot. |
| | ipv4 |
| Enable file integrity | Enables file integrity monitoring of the VR appliance. |
| | ☐ |
| ∨ Networking Properties | 6 设置 |
| Default Gateway | The default gateway address for this VM. (from the IP Pool associated with |

圖 8-1-9

第 10 步，綁定 vCenter，如圖 8-1-10 所示，點擊「NEXT」按鈕。

部署 OVF 模板

| | |
|---|---|
| ✓ 1 選擇 OVF 模板 | **vService 綁定** |
| ✓ 2 選擇名稱和文件夾 | 選擇已部署的 OVF 模板应绑定到的 vService |
| ✓ 3 查看計算資源 | |
| ✓ 4 查看詳細信息 | **vCenter Extension Installation** |
| ✓ 5 許可協議 | This appliance requires a binding to the vCenter Extension vService, which allows it to register as a vCenter Extension at runtime. |
| ✓ 6 配置 | |
| ✓ 7 選擇存儲 | 提供程序：　　　　　　　　vCenter Extension vService ∨ |
| ✓ 8 選擇網絡 | |
| ✓ 9 自定义模板 | 綁定狀態：　　　　　　　　⊘ |
| **10 vService 綁定** | |
| 11 即將完成 | 验证消息：　　　　　　　　ATTENTION: This virtual machine will gain unrestricted access to the vCenter server APIs. Make sure that the virtual machine is connected to a network where it can reach the URL 'https://vcsa7.bdnetlab.com/vsm/extensionService'. |

CANCEL　　BACK　　**NEXT**

圖 8-1-10

第 11 步，確認參數是否正確，如圖 8-1-11 所示，若正確則點擊「FINISH」按鈕。

第 12 步，開始部署 vSphere Replication 虛擬機器，如圖 8-1-12 所示。

部署 OVF 模板

| | | |
|---|---|---|
| ✓ 1 選擇 OVF 模板 | **即將完成** | |
| ✓ 2 選擇名稱和文件夾 | 单击"完成"启动创建。 | |
| ✓ 3 選擇計算資源 | | |
| ✓ 4 查看詳細信息 | 名稱 | vSphere_Replication_8.3 |
| ✓ 5 許可協議 | 模板名稱 | vSphere_Replication_OVF10 |
| ✓ 6 配置 | 下載大小 | 552.9 MB |
| ✓ 7 選擇存儲 | 磁盘大小 | 26.0 GB |
| ✓ 8 選擇網絡 | 文件夹 | Datacenter |
| ✓ 9 自定义模板 | 資源 | VSAN-7 |
| ✓ 10 vService 綁定 | 存儲映射 | 1 |
| **11 即將完成** | 所有磁盘 | 数据存储: BDLAB-Other02；格式: 厚置备延迟置零 |
| | 网络映射 | 1 |
| | 　Management Network | VM Network |
| | IP 分配设置 | |
| | 　IP 协议 | IPV4 |
| | 　IP 分配 | DHCP |

CANCEL　　BACK　　**FINISH**

圖 8-1-11

圖 8-1-12

第 13 步，完成 vSphere Replication 虛擬機器的部署，如圖 8-1-13 所示。

圖 8-1-13

第 14 步，vSphere Replication 虛擬機器部署完成後需要進行一些設定才能使用。使用瀏覽器登入 vSphere Replication，輸入用戶名和密碼，如圖 8-1-14 所示，點擊「Login」按鈕。

圖 8-1-14

第 15 步，登入 vSphere Replication 主控台，如圖 8-1-15 所示，選擇「VR」中的「Configuration」標籤。

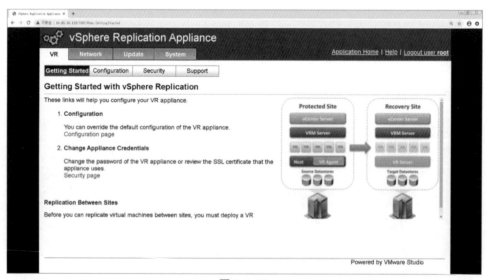

圖 8-1-15

第 16 步，輸入連結 vCenter Server 相關資訊，如圖 8-1-16 所示，點擊「Save and Restart Service」按鈕保存並重新啟動服務。

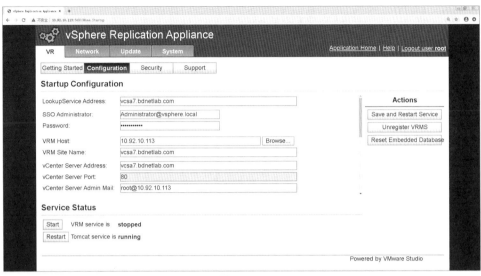

圖 8-1-16

第 17 步，設定保存成功，可以發現服務處於 running 狀態，如圖 8-1-17 所示。

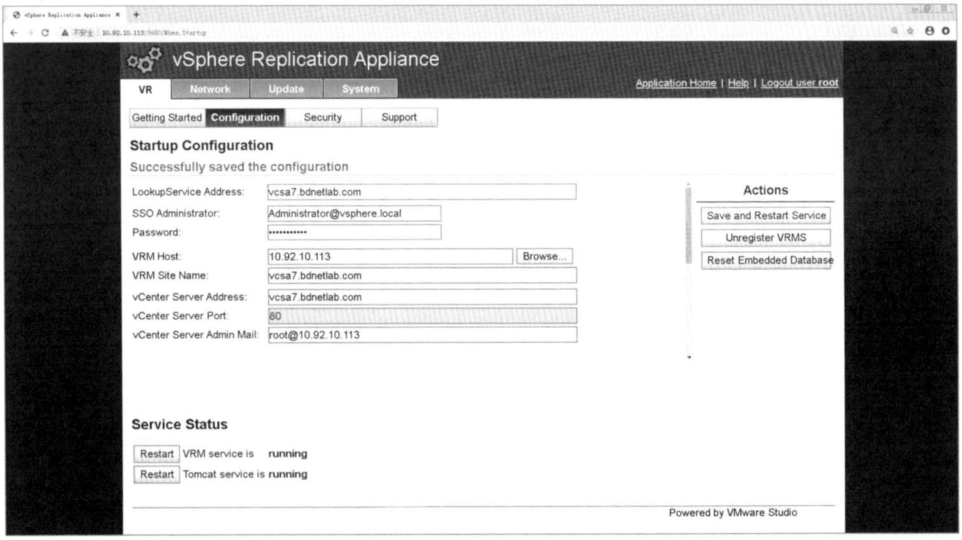

圖 8-1-17

至此，vSphere Replication 虛擬機器部署完成。其重點在於與 vCenter Server 的連結設定，設定必須出現 Successfully 及服務處於 running 提示訊息才代表部署成功，否則無法備份和恢復虛擬機器。

## 8.1.2　使用 vSphere Replication 備份虛擬機器

完成 vSphere Replication 部署後，就可以備份虛擬機器了。本節將介紹如何備份虛擬機器。

第 1 步，使用瀏覽器登入 vSphere Replication，注意不是管理主控台，如圖 8-1-18 所示，選擇「複製」標籤。

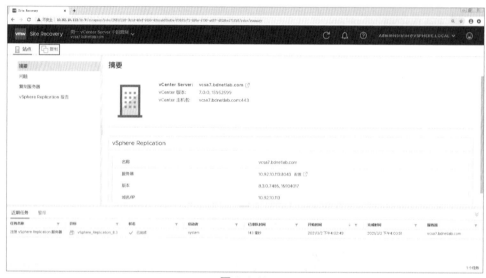

圖 8-1-18

第 2 步，因為沒有新建虛擬機器複製項，所以「複製」選單為空，如圖 8-1-19 所示，點擊「新建」按鈕。

圖 8-1-19

第 3 步，選擇 vSphere Replication 伺服器。如果生產環境中有多台可以進行指定，可以實現負載平衡，此處只有一台 vSphere Replication 伺服器，選擇自動分配，如圖 8-1-20 所示，點擊「下一步」按鈕。

第 4 步，選取需要備份複製的虛擬機器，如圖 8-1-21 所示，點擊「下一步」按鈕。

第 5 步，為備份複製的虛擬機器選擇資料儲存，如圖 8-1-22 所示，點擊「下一步」按鈕。

圖 8-1-20

圖 8-1-21

圖 8-1-22

第 6 步，為備份複製的虛擬機器指定恢復時間，最低 5 分鐘，最長 24 小時，如圖 8-1-23 所示，生產環境中可以根據虛擬機器的重要性進行設定，點擊「下一步」按鈕。

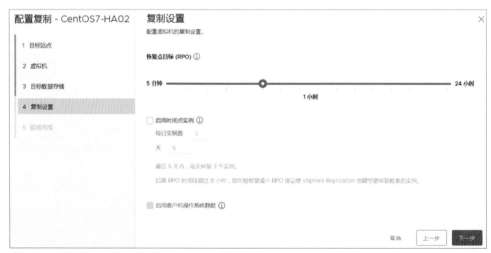

圖 8-1-23

第 7 步，確認虛擬機器備份複製參數是否正確，如圖 8-1-24 所示，若正確則點擊「完成」按鈕。

圖 8-1-24

第 8 步，建立虛擬機器備份複製完成，如圖 8-1-25 所示，系統開始複製虛擬機器。

第 9 步，等待一段時間後，虛擬機器備份複製完成，狀態為良好，RPO 時間為 1 小時，如圖 8-1-26 所示。也就是説，每小時會進行一次備份複製。

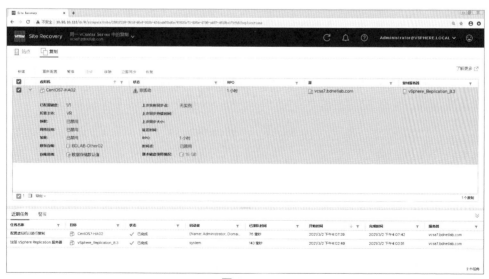

圖 8-1-25

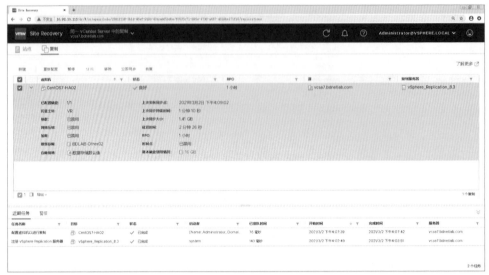

圖 8-1-26

至此，使用 vSphere Replication 備份複製虛擬機器完成，對虛擬機器形成了保護，如果多台虛擬機器需要備份複製，可以重複上述操作。需要注意的是 RPO 時間的設定，生產環境一般僅將非常重要的虛擬機器 RPO 時間設定為 5 分鐘，如果設定為 5 分鐘，需要注意儲存空間是否能滿足備份複製。

## 8.1.3　使用 vSphere Replication 恢復虛擬機器

使用 vSphere Replication 備份複製虛擬機器後，可以結合生產環境的具體情況進行恢復操作。本節將介紹如何使用 vSphere Replication 恢復虛擬機器。

第 1 步，模擬故障，將 CentOS7-HA02 虛擬機器刪除，如圖 8-1-27 所示，已經看不到該虛擬機器。

圖 8-1-27

第 2 步，進入恢復虛擬機器精靈，根據來源虛擬機器具體的情況選擇對應的恢復方式，本節選擇使用最新可用資料，如圖 8-1-28 所示，點擊「下一步」按鈕。

圖 8-1-28

第 3 步，選擇恢復虛擬機器存放的資料夾，如圖 8-1-29 所示，點擊「下一步」按鈕。

第 4 步，選擇恢復虛擬機器運行的主機，如圖 8-1-30 所示，點擊「下一步」按鈕。

第 5 步，確認恢復參數是否正確，如圖 8-1-31 所示，若正確則點擊「完成」按鈕。

圖 8-1-29

圖 8-1-30

圖 8-1-31

第 6 步，完成虛擬機器的恢復，如圖 8-1-32 所示。

第 7 步,登入 vCenter Server 查看虛擬機器恢復情況,如圖 8-1-33 所示,刪除的虛擬機器 CentOS7-HA02 已成功恢復。

圖 8-1-32

圖 8-1-33

至此,使用 vSphere Replication 恢復虛擬機器完成。從設定及使用上來說,無論是備份複製還是恢復,相對都非常簡單。需要注意的是,vSphere Replication 與 vCenter Server 深度整合,如果 vCenter Server 出現故障,vSphere Replication 備份和恢復虛擬機器也可能出現問題。

## ▶ 8.2 使用 Veeam Backup & Replication 備份和恢復虛擬機器

在 VMware vSphere 環境中進行虛擬機器備份，第三方備份工具推薦使用
Veeam Backup & Replication。寫作本章的時候其最新版本是 V11，支援 vSphere
7.0 及 vSphere 7.0 U1 版本備份和恢復虛擬機器，本節操作使用 Veeam Backup
& Replication V10 版本。

### 8.2.1　部署 Veeam Backup & Replication

第 1 步，Veeam Backup & Replication 支援虛擬機器或實體伺服器的部署。運行
安裝程式，如圖 8-2-1 所示，點擊「Install」按鈕開始部署。

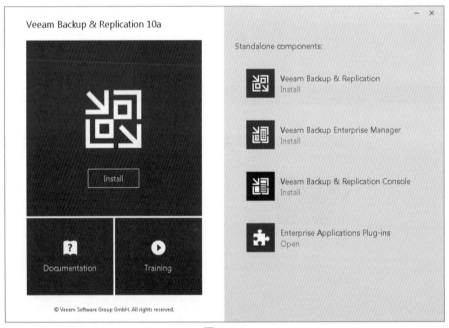

圖 8-2-1

第 2 步，部署 Veeam Backup & Replication 需要 .NET Framework 4.7.2 的支援，
如圖 8-2-2 所示，點擊「確定」按鈕下載安裝。

第 3 步，接受授權合約，如圖 8-2-3 所示，點擊「Next」按鈕。

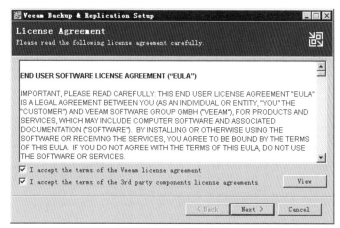

圖 8-2-3

第 4 步，匯入 Veeam Backup & Replication 許可檔案，如果不匯入，Veeam Backup & Replication 使用 FREE 模式（功能受限制），如圖 8-2-4 所示，點擊「Next」按鈕。

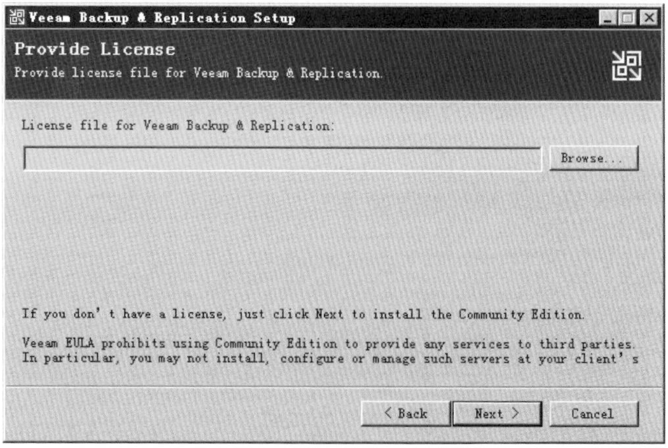

圖 8-2-4

第 5 步，安裝 Veeam Backup & Replication 元件，如圖 8-2-5 所示，點擊「Next」按鈕。

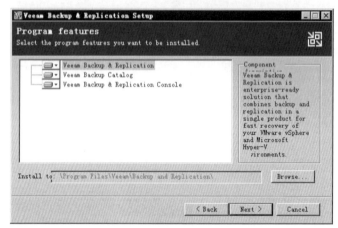

圖 8-2-5

第 6 步，安裝程式對環境進行驗證，對於失敗的元件可以透過點擊「Install」按鈕進行安裝，如圖 8-2-6 所示，點擊「Install」按鈕。

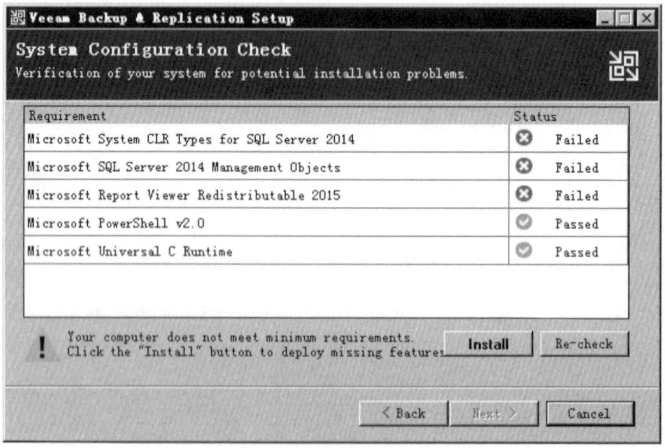

圖 8-2-6

第 7 步，安裝完成後狀態為「Passed」，如圖 8-2-7 所示，點擊「Next」按鈕。

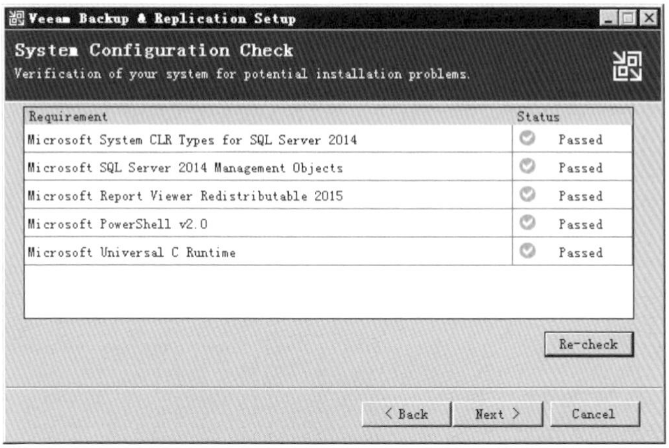

圖 8-2-7

第 8 步，確認參數是否正確，如圖 8-2-8 所示，若正確則點擊「Install」按鈕。

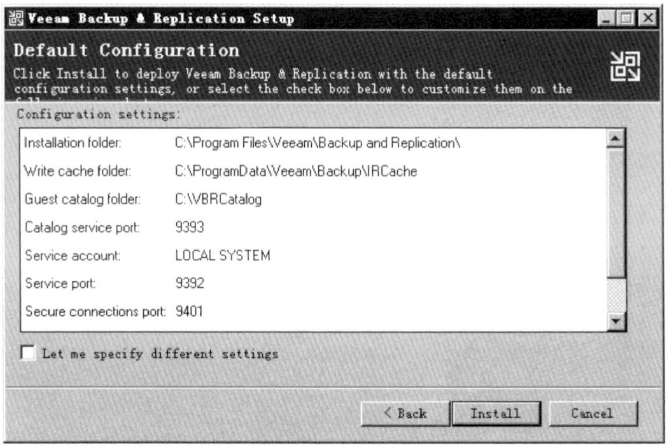

圖 8-2-8

第 9 步，開始安裝 Veeam Backup & Replication，如圖 8-2-9 所示。

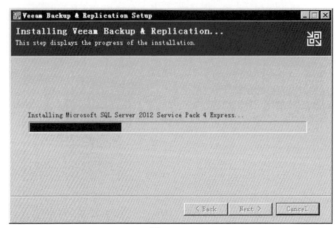

圖 8-2-9

第 10 步，完成 Veeam Backup & Replication 的安裝，如圖 8-2-10 所示，點擊
「Finish」按鈕退出安裝介面。

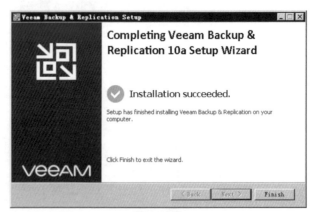

圖 8-2-10

第 11 步,登入 Veeam Backup & Replication,如圖 8-2-11 所示,點擊「Connect」按鈕。

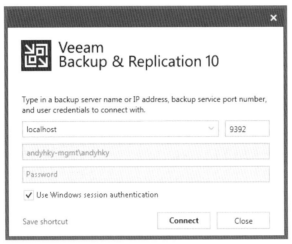

圖 8-2-11

第 12 步,進入 Veeam Backup & Replication 主介面,如圖 8-2-12 所示。

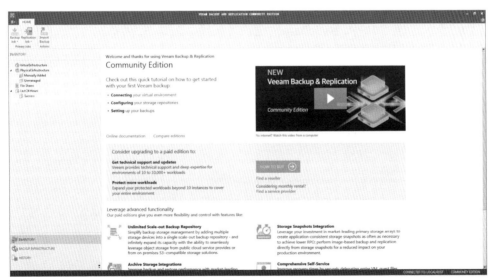

圖 8-2-12

第 13 步，選擇「Virtual Infrastructure」中的「ADD SERVER」選項，增加備份伺服器，如圖 8-2-13 所示。

圖 8-2-13

第 14 步，選擇「VMware vSphere」選項，如圖 8-2-14 所示。

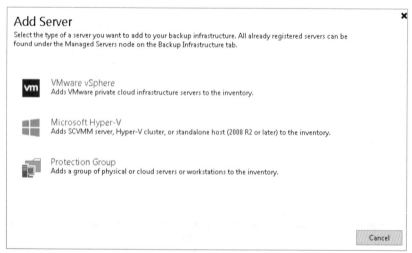

圖 8-2-14

第 15 步，選擇「vSphere」選項，如圖 8-2-15 所示。

第 16 步，增加 vCenter Server 位址，如圖 8-2-16 所示，點擊「Next」按鈕。

圖 8-2-15

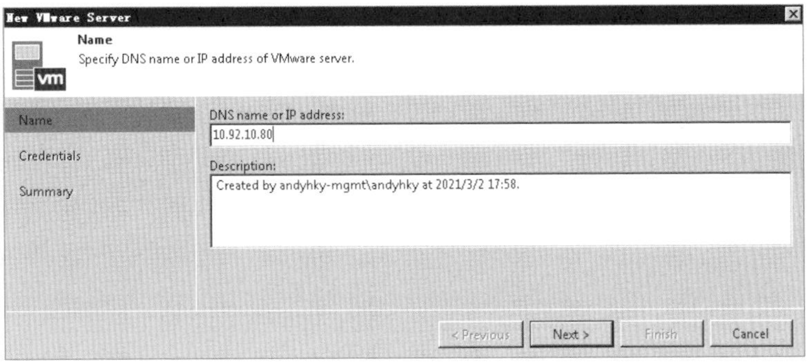

圖 8-2-16

第 17 步，選擇連接 vCenter Server 的帳戶，可以透過「Manage accounts」超連結建立，建立後選擇使用即可，如圖 8-2-17 所示，點擊「Apply」按鈕。

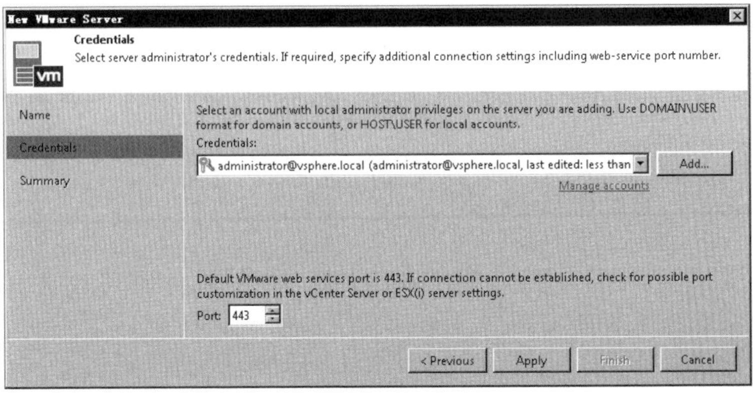

圖 8-2-17

第 18 步，增加 vCenter Server 帳號完成，如圖 8-2-18 所示，點擊「Finish」按鈕。

第 19 步，Veeam Backup & Replication 獲取到 vCenter Server 虛擬機器資訊，如圖 8-2-19 所示。

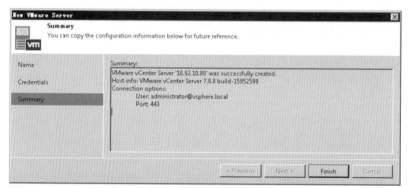

圖 8-2-18

圖 8-2-19

至此，Veeam Backup & Replication 軟體安裝完成，整體來說，安裝部署沒有難度。

## 8.2.2 使用 Veeam Backup & Replication 備份虛擬機器

安裝完 Veeam Backup & Replication 後，就可以備份虛擬機器了。

第 1 步，選擇要備份的虛擬機器，點擊「Veeam ZIP」按鈕，如圖 8-2-20 所示。

圖 8-2-20

第 2 步，在彈出的對話方塊中設定備份路徑及備份等級，一般選擇「Optimal(recommended)」選項，推薦使用最佳化選項，如圖 8-2-21 所示，點擊「OK」按鈕。

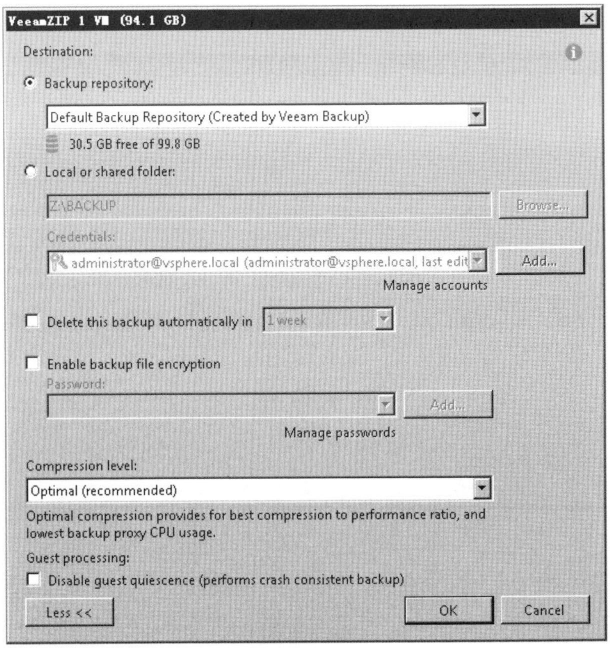

圖 8-2-21

第 3 步，開始備份虛擬機器，如圖 8-2-22 所示。

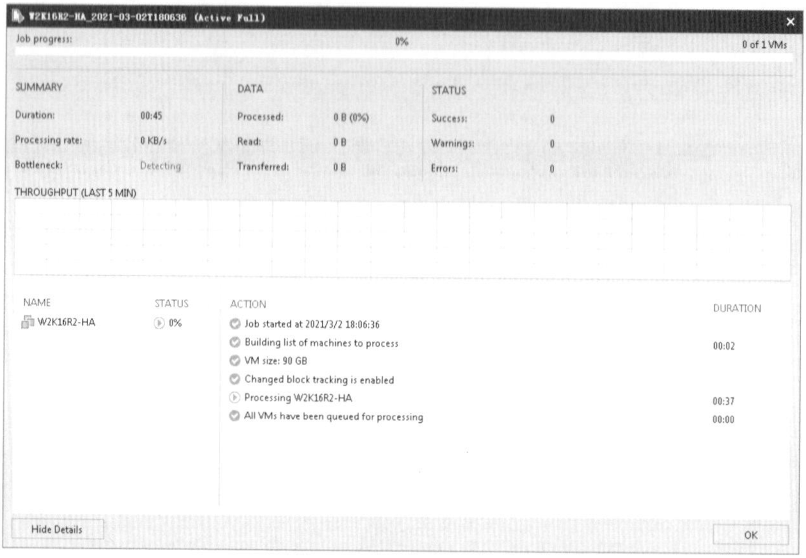

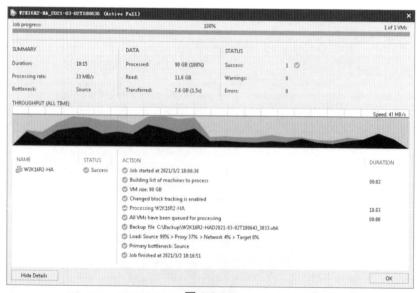

圖 8-2-22

第 4 步，虛擬機器備份成功，如圖 8-2-23 所示。注意，沒有任何錯誤訊息才能代表備份成功。

圖 8-2-23

第 5 步，查看備份虛擬機器的備份檔案，如圖 8-2-24 所示。

圖 8-2-24

至此，使用 Veeam Backup & Replication 備份虛擬機器完成。生產環境中使用時一定要注意其版本相容的 vSphere 版本，同時建議在虛擬機器非存取高峰時進行備份，以降低備份對性能造成的影響。另外，還需要注意備份不成功時出現的錯誤訊息，應根據提示找出原因再對虛擬機器進行備份。

## 8.2.3　使用 Veeam Backup & Replication 恢復虛擬機器

備份虛擬機器後，當發現虛擬機器出現問題時就可以及時恢復虛擬機器。本節將介紹如何恢復虛擬機器。

第 1 步，選擇「RESTORE」選項恢復虛擬機器，如圖 8-2-25 所示。

圖 8-2-25

第 2 步，選擇「Restore from backup」選項恢復虛擬機器，如圖 8-2-26 所示。

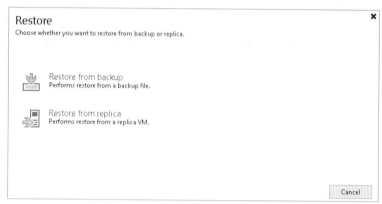

圖 8-2-26

第 3 步，選擇「Entire VM restore」選項恢復虛擬機器，如圖 8-2-27 所示。

第 4 步，選擇「Instant VM recovery」選項進行恢復，如圖 8-2-28 所示。

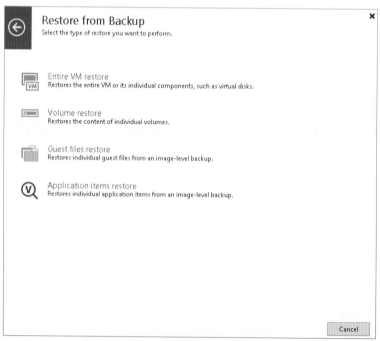

圖 8-2-27

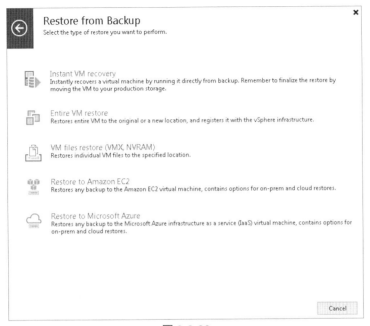

圖 8-2-28

第 5 步，選擇虛擬機器備份檔案，如圖 8-2-29 所示，點擊「Add」按鈕。

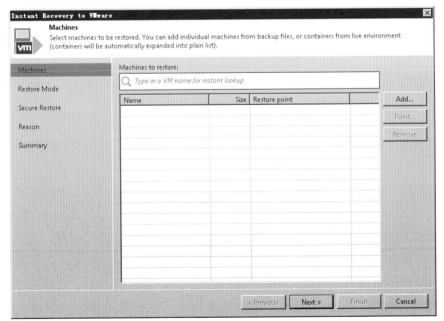

圖 8-2-29

第 6 步，選擇備份好的虛擬機器檔案，如圖 8-2-30 所示，點擊「Add」按鈕。

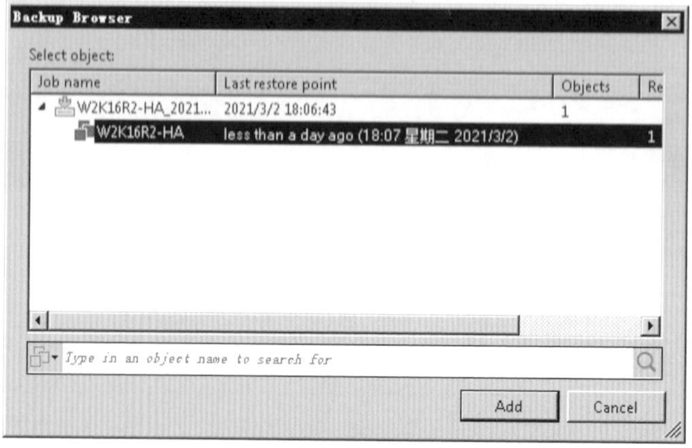

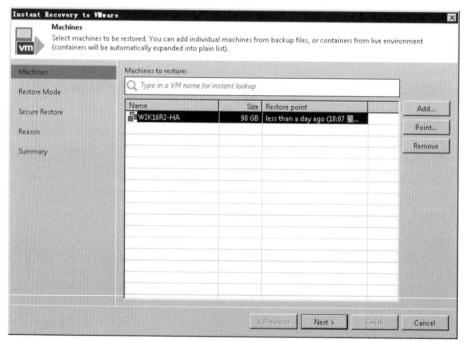

圖 8-2-30

第 7 步，增加好恢復的虛擬機器，如圖 8-2-31 所示，點擊「Next」按鈕。

圖 8-2-31

第 8 步，選擇復原模式，選項「Restore to the original location」將虛擬機器恢復到原始位置，選項「Restore to a new location，or with different settings」將虛擬機器恢復到新的位置並使用不同的設定，如圖 8-2-32 所示，生產環境中應結合實際情況進行選擇，點擊「Next」按鈕。

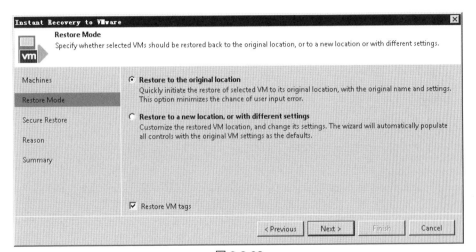

圖 8-2-32

第 9 步，選擇是否掃描虛擬機器進行恢復，該選項能夠對虛擬機器檔案進行驗證，如圖 8-2-33 所示，生產環境中應結合實際情況決定是否選取，點擊「Next」按鈕。

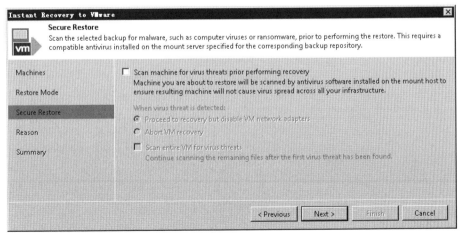

圖 8-2-33

第 10 步，輸入恢復虛擬機器的原因，如圖 8-2-34 所示，點擊「Next」按鈕。

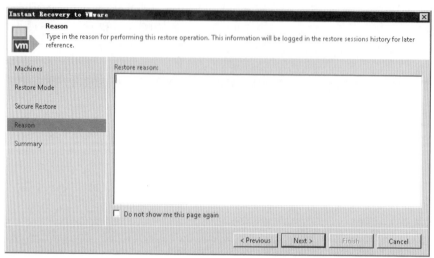

圖 8-2-34

第 11 步，確定虛擬機器恢復參數是否正確，如圖 8-2-35 所示，可以根據實際情況選取「Connect VM to network」（將虛擬機器連接到網路）或「Power on target VM after restoring」（恢復後啟動目標虛擬機器）兩個參數，點擊「Finish」按鈕。

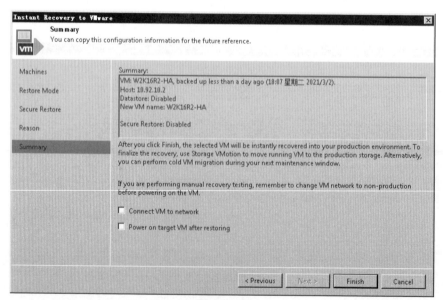

圖 8-2-35

第 12 步，檢測到來源虛擬機器還在運行，需要刪除後繼續操作，如圖 8-2-36 所示，點擊「Yes」按鈕。

第 13 步，開始虛擬機器恢復，如圖 8-2-37 所示。

Veeam Backup and Replication
Original VM still exists, and will be deleted. Proceed?
Yes
No

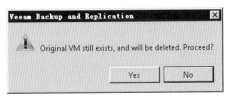

圖 8-2-36

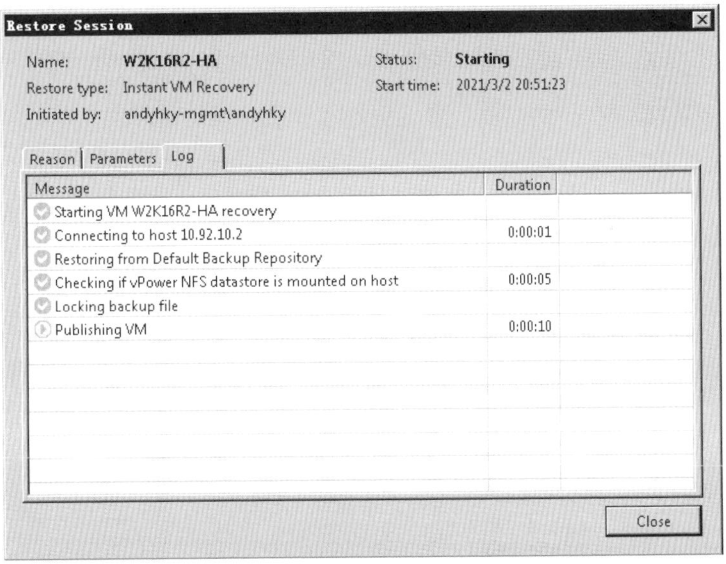

Restore Session
Name: W2K16R2-HA
Status: Starting
Restore type: Instant VM Recovery
Start time: 2021/3/2 20:51:23
Initiated by: andyhky-mgmt\andyhky
Reason
Parameters
Log
Message
Duration
Starting VM W2K16R2-HA recovery
Connecting to host 10.92.10.2
0:00:01
Restoring from Default Backup Repository
Checking if vPower NFS datastore is mounted on host
0:00:05
Locking backup file
Publishing VM
0:00:10
Close

圖 8-2-37

第 14 步，完成虛擬機器恢復操作，恢復的時間與虛擬機器大小、儲存、網路等有關，如圖 8-2-38 所示。恢復狀態一定要處於 Successfully 才能說明虛擬機器恢復成功。

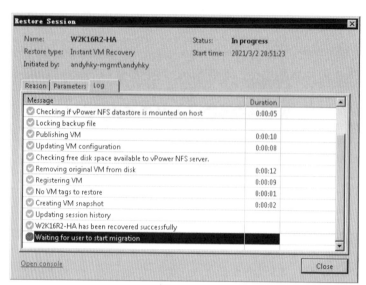

圖 8-2-38

第 15 步，登入 vCenter Server 查看虛擬機器恢復情況，可以發現虛擬機器恢復後電源處於關閉狀態，如圖 8-2-39 所示。

圖 8-2-39

第 16 步，打開虛擬機器電源，虛擬機工作正常，如圖 8-2-40 所示。

圖 8-2-40

至此，恢復虛擬機器完成，因為恢復虛擬機器是原始狀態，不涉及參數調整，整體恢復沒有難度。也可以選中「Restore to a new location，or with different settings」選項按鈕恢復虛擬機器，使用該模式恢復虛擬機器更加靈活，可以調整主機、儲存、網路等多種參數，生產環境中可以結合實際情況進行選擇。

## ▶ 8.3 本章小結

本章介紹了如何使用 vSphere Replication 及 Veeam Backup & Replication 備份和恢復虛擬機器，從部署及使用過程上看，兩個工具都沒有問題，備份恢復操作相對簡單。對中小企業及小微企業來說，可以使用 FREE 版本的 Veeam Backup & Replication，這樣可以大大降低企業購買備份軟體的負擔，如果想使用 Veeam Backup & Replication 的進階功能，需要單獨購買授權。

## ▶ 8.4 本章習題

1． vSphere Replication 可以實現什麼功能？

2． 如果將 RPO 值設定為 5 分鐘，是否對儲存有影響？

3． 使用 vSphere Replication 備份和恢復虛擬機器，是否需要 vCenter Server 支援？

4． 需要備份複製的虛擬機器較多，能否多部署 vSphere Replication 進行負載平衡？

5． Veeam Backup & Replication 是否能部署在實體伺服器或虛擬機器上？

6． Veeam Backup & Replication 是否需要授權？

7． Veeam Backup & Replication 能否做增量備份？

NOTE

NOTE

NOTE

NOTE